农业实用技术培训丛书

奶牛养殖关键技术200题

主　编
周春祥
编著者
周翠珍　张玉海　王三立　齐雪茹
刘玉涛　何凤琴　陈永超

金 盾 出 版 社

内 容 提 要

本书主要内容包括：我国奶牛业概况及前景，国内外主要奶牛品种及特点，奶牛场建筑及设备，高产奶牛的选择，奶牛的生理特点及营养需要，奶牛的饲养管理，挤奶及牛奶质量控制，奶牛繁殖技术，奶牛疾病防治九部分。本书以问答的形式，详细地解答了奶牛养殖过程中遇到的诸多问题，具有很强的实践性和指导性。本书可作为农村技术培训教材使用，也可作为奶农自学及农业院校相关专业师生阅读参考。

图书在版编目(CIP)数据

奶牛养殖关键技术200题/周春祥主编．—北京：金盾出版社，2008.3

(农业实用技术培训丛书)

ISBN 978-7-5082-4985-8

Ⅰ.奶… Ⅱ.周… Ⅲ.乳牛-饲养管理-问答 Ⅳ.S823.9-44

中国版本图书馆CIP数据核字(2008)第002181号

金盾出版社出版、总发行

北京太平路5号(地铁万寿路站往南)

邮政编码：100036 电话：68214039 83219215

传真：68276683 网址：www.jdcbs.cn

封面印刷：北京精美彩色印刷有限公司

正文印刷：北京蓝迪彩色印务有限公司

装订：北京蓝迪彩色印务有限公司

各地新华书店经销

开本：787×1092 1/32 印张：8.75 字数：185千字

2008年9月第1版第2次印刷

印数：10001—20000册 定价：13.00元

前 言

近年来作为“朝阳产业”的奶牛养殖业，给千万农牧民带来致富的希望和喜悦。在政府部门推动下，许多农牧户倾其所有，甚至不惜负债贷款买牛。从奶牛养殖热潮高峰期的2001年开始，我们有机会大量接触农村奶牛养殖业，亲身感受了华北地区农村奶牛养殖业繁荣的一面，但同时也看到了快速发展中存在的一些问题：奶牛业市场混乱、农村奶牛养殖效益低下，困难重重，奶牛养殖业举步维艰，每况愈下。

在我们接触的奶农中因为不懂技术，许多从买牛开始就背上了沉重的包袱。我们见到某农村集体，一次花费300万元购进160多头假劣奶牛，头日均产奶只有6千克；在一个600多头的规模奶牛场，在牛群中检出高达67.3%的个体同时患有某种危险疾病；我们服务的成规模牛场（20头以上）有37.6%以上产奶牛患有乳腺炎；奶牛繁殖障碍和产科疾病占到所有奶牛病例的60%以上。

奶牛养殖业中农村奶牛散养户面临问题最多，缺乏科学饲养技术、饲料来源不稳定、卫生医疗无保证。小区管理多数只是解决了集中挤奶问题，有些连粗饲料供应都不能统一，畜牧兽医人才缺乏，相关技术问题不能很好解决。本书根据我们在生产实践中遇到的实际问题，从上述两种奶牛管理模式实践需要出发，力求多方面解答农村奶牛养殖方面的技术难题，供广大奶农、技术人员和职业院校学生参考。全书分为我国奶牛业概况及前景，国内外主要奶牛品种及特点，奶牛场建筑及设备，高产奶牛的选择，奶牛的生理特点及营养需要，奶牛的饲养管理，挤奶及牛奶质量控制，奶牛繁殖技术，疾病防治共九个部分。前八个部分主要由周春祥编写；参加后两章编写工作的有周春祥、周翠珍、陈永超、刘玉涛、王三立、齐雪如、保凤琴等。限于经验和水平，难免有疏漏和错误之处，敬请各位同仁和广大读者指正。

奶牛养殖业曾经寄托了千千万万奶农脱贫致富的期盼和梦想，愿我们的努力能够对他们圆梦有所帮助。

编 著 者

2007 年 10 月

目　录

一、我国奶牛业概况及前景

1. 发展奶牛养殖的现实意义是什么？

奶牛养殖业是世界上公认的节粮、经济、高效型产业。

奶牛是草食动物，反刍家畜，有四个胃，消化、吸收能力极强，能大量利用人和其他动物不能食用的青粗饲料、饲草、农副产品及秸秆，不与人争食。因此奶牛养殖业是发展节粮型养殖业的最佳选择。

奶牛的饲养以其饲养成本低，饲料转化率高，经济高效为特点。牛奶生产是在畜产品中饲料转化率最高的，是生产猪肉的 3 倍，是生产鸡肉、鸭肉、鱼肉的 2 倍。饲养奶牛是高产、优质、高效、低耗的产业。

饲养奶牛也是一项经济效益比较高的养殖业。据华北地区生产实践测算，目前一头日产奶 20 千克的牛，一年的纯效益在 3 500 元左右，相当于 0.67 公顷土地粮食作物的经济效益，效益十分显著。

牛奶有很高的营养价值，含有 3.3%～3.8%乳脂、4.7%乳糖、3%～3.3%乳蛋白。含有 120 种人体所需要的营养成分，含有 20 多种氨基酸和 20 多种矿物质及多种维生素。饮用牛奶多的人患胃癌的死亡率较低；欧洲的马赛族由于吃牛奶和酸牛奶多，该民族患心脏病和动脉硬化的比例非常少。因此说，每人每天喝一杯奶，可以强壮一个民族。

发展奶牛养殖业，在我国有着广阔的前景和巨大潜在市场。2005 年我国人均占有奶类 21.7 千克，仅为世界平均水平的 1/5，为发达国家的 1/10。随着人们生活水平逐渐提高，我国奶产品的需求量将会不断增长。

“奶牛全身都是宝”，除了向人们提供营养丰富的奶和肉质外，它的皮、毛、骨、血和内脏等是轻工业和医药工业的好原料。饲养一头成年奶牛，一年可产有机肥 20 吨左右，为农业生产提供 0.67 公顷土地的肥料，能使每公顷可增产粮食 375～450 千克。饲养的奶牛多，产的有机肥就多，可减少农业生产的化肥使用量，降低对环境的污染，同时为生产绿色食品和有机食品提供很好的肥源。

从世界发达国家的产值结构来看，农业中处于第一位的是牛奶，占总产值的 20%左右，第二位的是牛肉，也占 20%左右。无论是同发达国家相比还是同发展中国家相比，现代农业产业结构中效益最高的产业——生产牛奶和牛肉都是中国最落后的产业。因此，发展奶牛养殖业，对增加农民收入，对农村经济发展将起到很好的推动作用。

2. 目前我国奶牛养殖业发展情况如何？

2005 年我国奶牛存栏总量 1 062 万头，奶类总产量达到 2 865 万吨，目前我国乳业产值占农业总产值的 3%；我国奶牛饲养量平均 130 人/头牛，美国平均 28 人/头牛；美国产奶量占世界 21%，欧盟十五国产奶量占世界 36%，中国占世界产奶量的 1.4%；中国人均奶类占有量 21.7 千克，亚洲人均奶类占有量 40 千克，日本人均为 90 千克，世界人均为 100 千克，美国人均为 200 千克，个别发达国家人均奶类占有量 300 千克；目前我国奶牛单产平均 3 500 千克左右，而美国、以色列平均单产达 8 400 千克，丹麦、法国、日本等国也在 6 500 千克以上。

3. 我国奶牛业的发展前景如何？

今后一个时期，我国奶业会呈现快速、健康的发展势头。其主要原因有以下几点：

(1)国家高度重视奶业发展

近年来，国家将发展奶业作为畜牧业结构调整和农村(牧区)产业发展方向，“十五”期间农业部制定了重点奶业优势区域发展规划，对我国奶业发展的优势区域进行大力支持；科技部实施了国家奶业重大科技专项课题研究。2005 年农业部开展了良种奶牛补贴行动；2007 年 9 月国务院颁发文件《关于促进奶业持续健康发展的意见》，明确将进一步加大对奶业的政策扶持力度。

(2)国内市场需求旺盛

中国奶牛业发展时机已经成熟，国民对奶、肉、蛋的消费量与国家整体经济发展的速度和规模以及收入和购买力呈正相关，随着城市居民收入的增加，我国潜在的牛奶消费市场会进一步扩大。2000 年城镇居民家庭人均乳品消费量(16 千克)比 1992 年增加近 1 倍，2005 年全国人均消费量增加到 21.7 千克。

(3)奶牛养殖业是低风险的产业

奶牛自身的生理和生物学特性以及较高的投资，决定了奶牛养殖业是低风险的产业。由于奶牛的世代间隔长，繁殖率低(单胎)以及投资大的特点，不是想什么时候扩大规模或任何想发展奶牛养殖业的农户都能做得到的。所以，奶牛养殖业不会出现大起大落。

(4)受国际乳品进口冲击小

乳品主要是固体奶和液态奶，消费量最大的是液态奶。

由于液态奶不易保存和长距离运输，国际间贸易量很小，国外乳品企业对我国保鲜奶生产的冲击不大。奶粉的消费主要在农村和中小城市，由于进口奶粉价格高，难以大量进入此市场。

(5)农业丰收为我国畜牧业发展奠定了坚实基础

畜牧业的快速发展加深了对粮食的需要和依赖程度，2003年至2004年我国饲料价格的大幅上涨，极大地影响了养殖业的效益。2004年粮食丰收以及美国大豆的增产，2005年我国奶牛养殖业的饲料成本一直维持在较低价位，奶牛养殖业的效益明显好于2003年。随着我国粮食安全战略的实施，我国农业连年获得丰收，为奶牛养殖业发展提供了坚实基础。

(6)乳品加工业的快速发展，将促进中国奶业的发展

近几年，我国各大乳业集团的年销售额，均以两位数字的速度增长。这些企业的快速成长，带动了中国奶牛养殖业的发展。

4. 选择奶牛养殖业致富应注意哪些问题？

奶牛养殖具有投资大、风险低的特点。但是选择饲养奶牛作为致富产业，也要注意以下几个问题：

(1)保证原料奶能够得到及时销售

牛奶不像其他畜产品，原料奶保存期短，产出后必须在24小时内销售出去，否则很容易变质。因此，首先要考虑附近有无乳品加工企业收购原料奶。

(2)要有丰富的饲料资源

奶牛饲养以粗饲料为主，还需要补喂一定数量的精饲料。奶牛饲料特别是粗饲料和糟粕料，由于用量大，最好就地取材，以节省运输费用。

(3)采用科学的饲养管理技术

现代奶牛经过选育，产奶量高，对营养和管理要求亦随之提高，需要采用合理的饲养管理手段才能达到应有的生产性能，而不能按照传统饲养役用牛的观念去饲养。所以，农民在初次饲养奶牛前，应参加奶牛养殖技术的学习和培训。

(4)兽医服务是否有保障

奶牛养殖中的日常技术工作主要是人工授精和疾病防治。奶牛配种普遍采用人工授精技术，人工授精是一项技术性较强且需要一定设备、仪器的工作。在大家畜中，奶牛是发病较多的家畜，特别是成母牛的乳房疾病、产科病、消化系统疾病和肢蹄病等是常见的普通病。要定期采取预防措施，对奶牛传染疾病，如结核病、布鲁氏菌病、口蹄疫等进行防疫。因此，疾病防治和防疫工作也是经常性的技术工作。由于奶牛的价值较高，其保健工作特别重要，否则造成的损失巨大。因此，在饲养奶牛前要了解当地畜牧兽医部门能否提供技术服务。

(5)预测饲养奶牛经济效益

饲养奶牛的经济效益主要取决于牛奶销售价格、奶牛的饲养成本和产奶量等因素。一般情况下，奶牛的饲料成本占饲养成本的60%左右，在其他成本不变情况下，高产奶牛具有高回报性能。

5. 没有养牛经验能否饲养奶牛?

许多农民朋友都养过家禽和猪，没养过奶牛这种大家畜，因而不敢尝试饲养奶牛，其实，奶牛是一种很温驯、适应性很强的家畜。

奶牛是节粮型草食大畜，有较强的抗病能力；耐粗饲，饲料来源广，饲养成本低；奶牛对环境有较强的适应能力，一般较耐寒和干旱，不耐热和潮湿，适宜在通风透气、干燥清洁的环境中饲养。从外地购进的奶牛，只要自然条件不是特别恶劣，都能很好地适应。

奶牛对人有很好的亲近感和依附性，饲养时间越长，对饲养人员越是亲近，因此也就很容易管理。奶牛饲养管理是一项程式化的工作，有很强的规律性，要求有一定的文化基础、有耐心、能吃苦。没有养过奶牛的朋友要想养好奶牛，最好能够参加学习培训，从青年牛养起，不断摸索积累经验。常备一些养奶牛的技术图书、资料。经常到附近奶牛场学习借鉴或从其他奶农那里学习经验也是一个不错的办法，可以少走弯路。

二、国内外主要奶牛品种及特点

6. 国外主要奶牛品种有哪些特点?

(1)荷斯坦牛 荷斯坦牛的培育历史十分悠久,早在15世纪荷斯坦牛就以产奶量高而闻名于世。荷斯坦牛风土驯化能力强,世界大多数国家均能饲养。经各国长期的驯化及系统选育,育成了各具特征的荷斯坦牛,并冠以该国的国名,如美国荷斯坦牛、加拿大荷斯坦牛、日本荷斯坦牛、中国荷斯坦牛等。近一个世纪以来,由于各国对荷斯坦牛选育方向不同,分别育成了以美国、加拿大、以色列等国为代表的乳用型和以荷兰、德国、丹麦、瑞典、挪威等欧洲国家为代表的乳肉兼用两大类型。

①乳用型荷斯坦牛 体格高大,母牛体重650～750千克,体高135厘米,体长170厘米;结构匀称,皮薄骨细,皮下脂肪少,乳房特别庞大,乳静脉明显,后躯较前躯发达,侧望呈楔形,具有典型的乳用型外貌。被毛细短,毛色呈黑白斑块,界线分明,额部有白星,腹下、四肢下部(腕、跗关节以下)及尾帚为白色。产奶量为各奶牛品种之冠。1999年荷兰全国荷斯坦牛平均年产奶量为8 016千克,乳脂率为4.4%、乳蛋白率为3.42%;美国2000年登记的荷斯坦牛平均产奶量达9 777千克,乳脂率为3.66%、乳蛋白率为3.23%。

荷斯坦牛的缺点是乳脂率较低,不耐热,高温时产奶量明显下降。因此,夏季饲养,尤其是南方饲养要注意防暑降温。

②兼用型荷斯坦牛 兼用型荷斯坦牛体格略小于乳用型

荷斯坦牛，毛色与乳用型相同，但花片更加整齐美观。成年公牛体重 900～1 100 千克，母牛 550～700 千克。

(2)娟姗牛 娟姗牛原产于英吉利海峡的娟姗岛。毛色为淡黄褐色，性情温驯、体型轻小，是举世闻名的高乳脂率奶牛品种。一般年平均产奶量为 3 500 千克，乳脂率高，一般达 5.5%～6.0%，个别高达 8%。娟姗牛性成熟早，一般 15～16 月龄即可配种。具有耐热、耐牧的特点。适于高温多湿地区饲养，我国上海市已率先引入娟姗牛饲养。

(3)更赛牛 更赛牛原产于英国更赛岛。更赛牛毛色为淡黄色带白斑，性情温驯，较为耐热，乳脂率高，性成熟早，但产乳量偏低，抗病力较差。平均年产奶量为 3 500～4 500 千克，乳脂率平均为 4.48%～4.86%；最高个体泌乳 365 天达 14 578千克，乳脂率达 4.4%(美国)。乳色黄，脂肪球大。

(4)爱尔夏牛 爱尔夏牛原产于英国爱尔郡。爱尔夏牛毛色为白色与桃红、褐色相间，体格中等，结构匀称；爱尔夏牛的平均年产奶量 4 000～5 000 千克，最高产奶量 12 421 千克；乳脂率 4.0%～5.0%。爱尔夏牛适应性强，耐粗饲，产奶性能好。

(5)丹麦红牛 乳肉兼用品种，原产于丹麦的默恩、西兰及洛兰等岛屿。以产奶量多，乳脂和乳蛋白含量高，对结核病有抵抗力而驰名。

7. 国内奶牛品种有哪些特点？

(1)中国荷斯坦牛 中国荷斯坦牛的原名为“中国黑白花奶牛”，1992 年农业部统一更名为“中国荷斯坦牛”。本品种是利用引进国外各种类型的荷斯坦牛与我国的黄牛杂交，并经过了长期的选育而形成的一个品种，这也是我国唯一的奶牛品种。

据记载，早在19世纪40年代，我国即从国外引进荷斯坦牛。最早由荷兰、德国及俄国引入，后由美国、日本引入。20世纪50至80年代又相继由日本、美国、荷兰、德国、原苏联等国引入乳用型或兼用型荷斯坦牛，进行纯种繁育、驯化，尤其是引用美国、加拿大、荷兰、日本、德国等国的种公牛或冻精，长期与各地黄牛进行级进杂交、选育，逐渐形成了现在的中国荷斯坦牛。中国荷斯坦牛多为乳用型，华南地区有少数个体稍偏兼用型。体质细致结实，结构匀称，毛色为黑白相间，花片分明，额部有白斑，腹下、四肢膝关节以下及尾帚呈白色。乳房附着良好，质地柔软，乳静脉明显，乳头大小、分布适中。

(2)三河牛 原产于内蒙古自治区的呼伦贝尔盟地区，是我国培育的第一个乳肉兼用型的牛。三河牛被毛为红(黄)白花，花片分明，以产乳为主，乳肉兼用。据统计305天的产奶量为3 145千克，乳脂率平均为4.1%～4.47%。三河牛较晚熟，具有适应性强、耐粗饲、耐寒、易放牧等特点，对高温和潮湿的热带气候不适应。

(3)新疆褐牛 主要产于新疆的伊犁和塔城，现分布于天山南北。新疆褐牛有角，向侧前上方弯曲，呈半椭圆形，角尖稍直，呈深褐色。头顶、角基部、嘴巴周围和背线呈灰色或黄白色。眼睑、鼻镜、尾尖和蹄壳呈深褐色。成年母牛体高121.8厘米，体重430.7千克。新疆褐牛的产奶性能，随饲养条件不同而变异很大。新疆褐牛，以舍饲为主加放牧，第三胎以上298天的产乳量为3 420千克，乳脂率为4.03%～4.08%。

(4)草原红牛 原产地是内蒙古草原，是用乳肉兼用型的短角牛与当地蒙古牛杂交选育而成。牛全身被毛紫红色或红色，部分牛的腹部或乳房有小片白色。草原红牛的体格较小，但产肉性很好，在完全放牧的条件下，18 月龄的体重 320 千克，屠宰率为 50.8%，净肉率是 41.0%。

(5)中国西门塔尔牛 乳肉兼用品种。中国西门塔尔牛是经多次集中引进欧洲西门塔尔牛，在中国的生态条件下，经过与本地黄牛级进杂交选育而成。育种核心群 2 178 头平均产奶量为 4 300 千克，乳脂率为 4.03%。最高个体年产奶量达 11 740 千克，乳脂率 4.0%。西门塔尔牛产肉性能良好。经强度肥育后屠宰率达到 61%，净肉率 50%。西门塔尔牛具有适应性强、耐高寒、耐粗饲、寿命长等特点，深受各地群众欢迎。

8. 中国荷斯坦牛性状怎么样?

中国荷斯坦牛因在培育过程中，由于各地引用的荷斯坦公牛以及本地母牛类型不一，以及饲养环境条件的差异，目前我国荷斯坦牛的体型有大、中、小三个类型。

大型：主要是用了从美国、加拿大引进的荷斯坦公牛与北方母牛长期杂交和横交培育而成。特点是体型高大，成年母牛体高可达 136 厘米以上。

中型：主要是引用从日本、德国等引进的中等体型的荷斯坦公牛与本地黄牛杂交和横交培育而成的，成年母牛体高在 133 厘米以上。

小型：主要引用从荷兰等欧洲国家引进的兼用型荷斯坦公牛与本地黄牛杂交，或引用北美荷斯坦公牛与本地小型母牛杂交培育而成。成年母牛体高在 130 厘米左右。

我国幅员辽阔，各地的饲料种类、气候条件和饲养管理水平差异很大，因此，中国荷斯坦牛在各地的表现也不相同，总体反应是对高温气候条件的适应性较差。据报道，在黑龙江省地区，当气温上升到28℃时，其乳量明显下降，但当气温降到0℃以下时，其产奶量没有明显的变化。在广州地区每年7～8月份的产乳量比3～4月份的产乳量低22.7%，因此，在夏季高温季节，特别是炎热地区，要给产奶牛遮荫降温和注意牛舍及运动场的通风。

中国荷斯坦牛的产乳性能良好，但奶的乳脂率偏低。据1997年全国25个省、市、自治区调查，全国成母牛平均年产奶量为4 774千克，平均乳脂率在3.4%以上，其中育种水平较高的京、沪、津等市达7 006千克左右，个别高产牛群年产奶量已超过8 000千克，如光明乳业2000年成母牛平均单产达8 029千克，有800余头305天产奶量超过10 000千克。总体上，北方地区产奶量较高，平均年产量为5 000～6 000千克，南方地区由于气候炎热，产奶水平相对较低，为4 500～5 500千克。

三、奶牛场建筑及设备

9. 新建奶牛场如何选址?

建奶牛场时要注意场地的选择,要把牛舍建在地势高而干燥的地方,土质以沙土为宜,在居民区的下风处建,要考虑不污染环境,便于排污,又不被周围环境所污染,所以奶牛场不能建在牛产品加工厂、制革厂、化工厂、水泥厂及居民排污点的附近。奶牛场与居民区和交通主干道的距离要在300米以上,与其他的养殖场距离要在500米以上。

因奶牛场产品的运出和饲料等物资的运入量大,并与外界的联系多,建场选址时,还要考虑到交通和通讯的方便。建场的地方还必须有充足、清洁的水源。建奶牛场和奶牛小区,对场址的选择要慎之又慎,否则会给养牛带来不便和损失。

10. 奶牛场的基本建筑结构由哪些部分组成?

牛场的基本建筑设计主要包括生产区、病牛隔离治疗与粪污处理区、管理区和生活区。

奶牛生产区又分为生产区和生产辅助区。生产区主要包括奶牛舍(泌乳牛舍、青年牛舍、育成牛舍、犊牛舍、犊牛岛、干奶牛舍、产房)、配套运动场、挤奶厅等,是奶牛场的核心,应设在场区地势较低的位置,要能控制场外人员和车辆,使之完全不能直接进入生产区,要保证安全、安静。各牛舍之间要保持适当距离,布局整齐,以便防疫和防火。但也要适当集中,节约水电线路管道,缩短饲草饲料及粪便运输距离,便于科学管理。

生产辅助区包括饲料库、饲料加工车间、配电室、青贮池、干草棚、机械车辆库等。饲料库、加工车间、青贮窖和干草棚，离奶牛舍要近一些，位置适中一些，便于车辆运送草料，减少劳动强度。但必须防止奶牛舍和运动场因污水渗入而污染草料。所以，一般都应建在地势较高的地方。

生产区和辅助生产区要用围栏或围墙与外界隔离。大门口设立门卫传达室、消毒室、更衣室和车辆消毒池，严禁非生产人员出入场内，出入人员和车辆必须经消毒室或消毒池进行消毒。

管理区和生活区包括办公室、财务室、接待室、档案资料室、活动室、试验室等。管理区要和生产区严格分开，保证 50 米以上距离为好。

奶牛场生活区应在牛场上风头和地势较高地段，并与生产区保持 100 米以上距离，以保证生活区良好的卫生环境。

病牛隔离治疗与粪污处理区，包括兽医诊疗室、隔离舍、病牛、粪污处理场。此区设在下风头，地势较低处，与生产区距离 100 米以上。病牛区应便于隔离，有单独通道，便于消毒、污物处理、粪污处理和加工等。

11. 奶牛场建筑面积如何计算?

(1)牛舍　成母牛每头占地 9 平方米，饲养 100 头奶牛舍长 80 米、宽为 12 米(建筑面积)；青年牛每头占地 8 平方米，饲养 100 头青年牛舍长 75 米，宽 11 米；育成牛每头占地 7 平方米，饲养 100 头育成牛牛舍长 70 米、宽 10 米；犊牛每头占地 5 平方米，饲养 100 头犊牛舍长 55 米、宽 9 米。

(2)运动场　一般在牛舍南侧，面积为牛舍面积的 2 倍(也就是说牛舍的长度乘以牛舍宽度的 2 倍)。成母牛占地

20 米^2/头，青年、育成牛占地 15 米^2/头，犊牛占地 10 米^2/头。运动场要求平坦、干燥、中间高、四周低，便于排水，地面可用三合土、立砖或水泥固化。从饲养实践看，最好是使用立砖，因为它能渗水，冬天不冷，夏天不热。

(3)凉棚 运动场中最好设凉棚，一般高 3.5 米，凉棚面积一般为运动场面积的 1/4。

12. 犊牛舍建筑有什么要求？

犊牛以牛奶为主要食物营养来源，哺乳后的犊牛依然保持着吮奶的行为，针对这个特点，为防止它吃进污物或互相舔舐，6 周龄以内的幼犊以个体牛栏为好，其中可移动个体牛栏应用效果最好。可移动牛栏便于清理栏下的污物，床位可保持干燥，犊牛转群后便于彻底清除垫草、粪便和消毒以及实施常规的卫生防疫措施。犊牛舍内犊牛栏因牛群大小而异，小的可以与较大年龄的犊牛同圈舍，但是每栏一犊最好，栏间要保持一定距离，远近以犊牛间不能互相舔、吮为度，防止吃入毛发和脏东西，避免发生脐带炎。在气候温和的地方或季节，犊牛栏设置在室外更好。牛栏地面为水泥地面，有利于冲洗。

某些厂家生产的可移动犊牛栏，规格为 1.2 米×1.5 米×1.2 米，可拆装，地板为高强度塑料漏缝地板，构件热镀锌处理，每个犊牛栏间以 PC 板隔开。见图 3-1。

13. 青年牛、育成牛舍建筑要求是什么？

青年牛、育成牛对圈舍的要求不高，一般有挡风避雨的棚舍即可。由于牛的体重增加，牛饲槽的踏脚处要设硬地面，如果牛群较大，为防止拥挤、互相顶撞和争抢食草，应该设颈枷。有放牧条件的地方，饮水处可设在牛舍以外；全舍饲的牛要在

3-1 犊牛栏

圈舍内设饮水池，或在运动场上设饮水槽。在极寒冷地区要有“暖”圈，这种牛舍要求墙的厚度最好是 30～40 厘米，较暖和的地区，墙可以薄些(25 厘米)。人字形屋顶加吊顶棚的结构比较有利于防寒。同时屋顶的通气口十分必要，以免数九天气全日舍饲的情况下造成牛舍内空气污浊，引发肺炎、疥癣等疾病。京津地区牛舍可以建成半封闭式，即在牛舍北面和东西两侧建墙，南侧完全开放，覆盖简易棚顶即可。

14. 成年母牛舍的建筑有什么要求?

成年母牛舍在奶牛场中占的比例最大，而且直接关系到奶牛的健康和产奶量。成年母牛舍在我国有规范的设计。

(1)建　筑

①式样　可根据饲养头数的多少分为单列式或双列式。

②方位　坐北朝南，保证牛舍内冬暖夏凉。

③结构　混凝土结构、砖木结构、框架石棉瓦结构均可。

④地势　地势高燥，地下水位低，排水良好。

⑤地基与墙壁　就地取材，经济实用。材料要求坚固耐

用，导热性能小，便于消毒冲洗，如砖、石头等。舍内距地面1.2～1.5米高处都应用水泥抹平，以便消毒冲洗。

⑥顶棚　距地面高3.5～4米，最好设置50～70厘米厚的保温层。

⑦屋面　预制板、瓦、石棉瓦、草等材料均可，草更有利于保温防暑。

⑧门　宽2～2.5米，高2.2～2.5米，最好设置成拉门。每栋牛舍至少要有2个大门，以便牛只出入和饲料、粪便的运送。

⑨窗　窗户面积一般为牛舍地面面积的1/12左右，以便通风采光，位置和高度视当地阳光照射角度而定。

⑩通风口　在牛舍上部设出气孔，与牛舍地面同高设进气孔，以保持舍内凉爽干燥，通风换气。

(2)舍内平面布局

①单列式　在牛舍内部沿着房屋的纵向布置一排牛床，成年母牛舍的跨度为5.5～6米，适宜饲养量较少的场、户。

②双列式　沿着牛舍内部纵向布置两排牛床，成年母牛舍的跨度是11～12米，两列间距3.6～4米，比单列式牛舍节省建筑面积10%。在双列式牛舍中，有对头式和对尾式两种，大的奶牛场一般都采用对尾式饲养，两边各有一条喂料走道，便于挤奶、清扫和查看(图3-2，图3-3)。

(3)舍内主要设施

包括牛床、食槽、粪沟、中间通道及饲料通道等。

①牛床　成年母牛的牛床通常是长1.7～1.9米、宽1.1～1.3米，若在舍内挤奶，则宽度为1.2～1.3米、坡度为1%～1.5%，采用水泥地面，在奶牛站立处的后半部设防滑线(图3-4)。

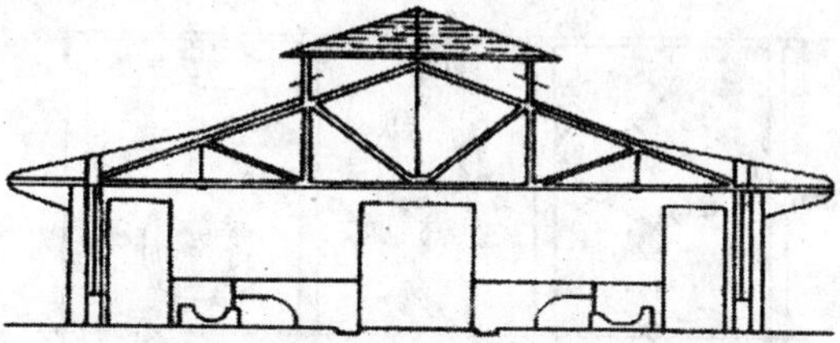

图 3-2　对尾式牛舍(钟楼式)剖面图

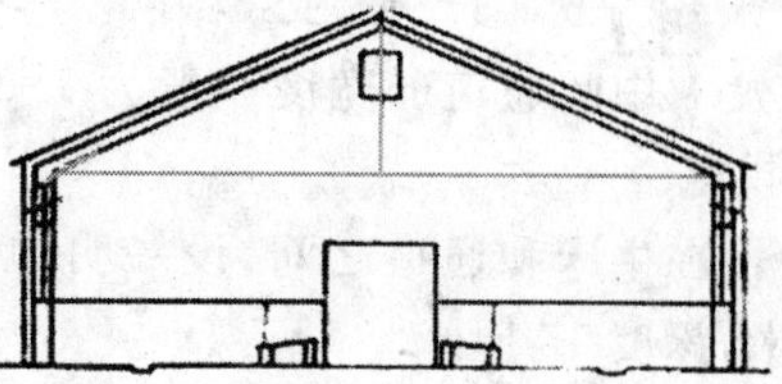

图 3-3　对头式牛舍(双坡式)剖面图

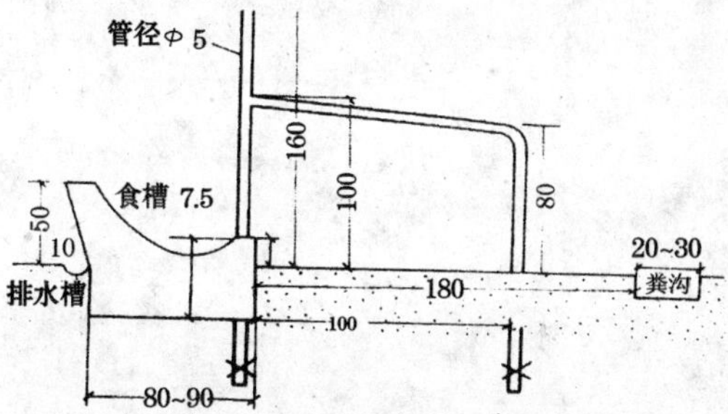

图 3-4　牛床栏及食槽侧面图　(单位:厘米)

②食槽　是固定的通长食槽,要坚固光滑、不渗水、耐酸碱,底部净宽 40 厘米、顶净宽 60 厘米、槽外缘高 60 厘米、内缘高 30 厘米。

③颈枷　直链式和横链式颈枷栓系方式,使奶牛具有一定的活动范围,长链长度 1.5 米,短链长度 0.5 米(图 3-5)。

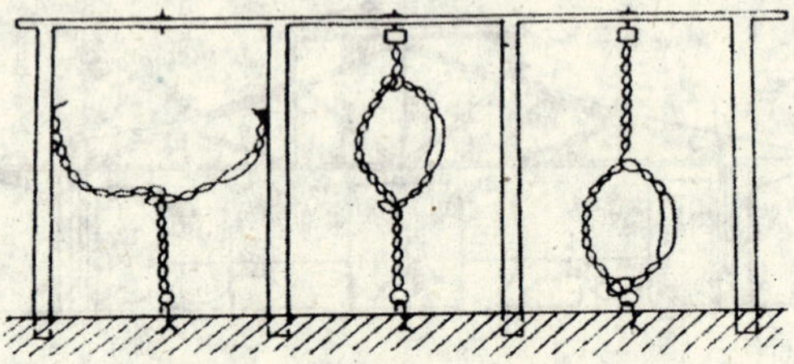

图 3-5 直链式颈枷

④通道宽度　中间通道的宽度一般为 1.8 米，路面要有不大于 1%的拱度。

⑤粪尿沟　在牛床和通道之间，设一明沟，即粪尿沟，宽度 20～30 厘米，深度 15 厘米。

四、高产奶牛的选择

15. 怎样才能选购到健康高产奶牛？

选购高产奶牛并保证其健康，首先须从信誉度高的奶牛场购买，购牛者要具有从外貌特征、谱系、年龄上鉴别高产奶牛的经验，了解当地饲料、饲养情况并办理兽医卫生证明。

(1)选择适宜引种地点 我国南方奶牛数量较少，奶价比北方高，奶牛的流通方向大体是由北向南。长江以北奶牛个体较大，产奶量较高。长江以南奶牛适应性较强，产奶量波动小。根据经验，从上海、北京购入到南方的奶牛适应性及生产性能都比较好。要到信誉好或者较熟悉的大型种牛场选购奶牛，切忌随意听信小报信息，避免上当受骗。

(2)根据体型外貌选择 要求体格健壮，结构匀称，皮薄而富有弹性，体躯长宽深，背腰平直，尻部长平宽，胸部发育良好，腹大而不下垂，身躯从上方、侧面、后方三个位置观察呈倒三角形。四肢结实、端正，乳房大，呈方圆形，向前后延伸，底部呈水平状，底线略高于飞节，乳腺发育充分，乳头大小适中，乳静脉粗大而多弯曲，乳井大而深。

(3)根据年龄选择 刚开始建立牛群时，可购买成年母牛、育成牛或是犊牛。成母牛，购入后即能挤奶，有经济回报，但所需成本高。引进犊牛，所需费用最少，且具有获得高产奶牛的可能性大，但达到产奶获得收入的时间长。新建奶牛群最好是选 2 岁左右，已配上种（第一胎），胎龄在 6 月龄以内的牛。饲养几个月后母牛即可分娩，可多得一头犊牛，母牛利用年限较长，还有获取高产奶牛的机会。最主要是能保证奶牛繁殖机能是正常的。胎龄较小，可避免运输造成流产。没有记录可查时，可通过牛门齿变化规律来鉴定牛年龄，奶牛换一对门齿时为1.5～2岁，换二对时为1.5～3岁。最好买更换完第一对门齿的牛。确定母牛是否有胎儿，可通过直肠触诊来鉴定，通过直肠触摸卵巢和子宫的变化来作出诊断。到妊娠2月龄时，直肠检查可发现母牛一侧子宫角比另一侧子宫角粗约2倍，且有波动感，一般可初步确诊，但需要一定的实践经验。

(4)实测产奶量 奶牛是单体投资比较大的养殖动物，为减少投资风险，以购买产奶牛并经过实际检验最有把握。

(5)了解遗传因素 优质高产奶牛一般都有谱系记录，通过谱系中其亲代、祖代及姐妹的生产性能可以估计该奶牛的产奶性能如何。

(6)选择健康牛 奶牛结核病、布鲁氏菌病是两种严重危害人类健康的人畜共患病，对患有这两种病的奶牛，我国采取严格的淘汰制度，对监测阳性的牛予以无害化处理。但一些牛场发现阳性牛不是采取淘汰措施而是急于出售。因此，在购买时一定要进行现场监测，可自带结核菌素变态反应试验器具进行牛结核病测定，对布鲁氏菌病则可采用血清平板凝集试验测定。购买数量较多时，可委托当地兽医检疫部门检测，决不能购买监测结果阳性的奶牛。牛起运之前，需督促卖方向当地检疫部门报检，办理有关检疫手续，索取检疫证明。到外省买牛，检疫证明通常有三种：《动物产地检疫合格证明》,《出县境动物及动物产品检疫合格证明》,《动物及动物产品运载工具消毒证明》。

(7)选择适宜购买季节 购买奶牛切忌在炎热的夏季，也不宜在寒冷的冬季。这两个季节属传染病多发季节,同时也不利于安全运输。而运输季节选在 10～11 月份最好,气候较凉爽。

16. 如何估测奶牛的实际年龄?

鉴定奶牛实际年龄,没有记录可查时,可通过牛门齿变化规律来鉴定牛年龄(表 4-1),奶牛换一对门齿时为 1.5～2 岁,换二对时为 1.5～3 岁。最好买更换完第一对门齿的牛。

表 4-1 奶牛不同年龄门齿的一般变化图

	奶牛牙齿生长情况	年 龄
	二个或二个以上乳齿出现	初生～1 月龄
	第一对乳齿由永久门齿代替	1.5～2 岁
	第二对乳齿由永久门齿代替	2.5 岁
	第三对乳齿由永久门齿代替	3.5 岁
	第四对乳齿由永久门齿代替	4.5 岁
	永久门齿磨成同一水平,第四对亦出现磨损	5～6 岁
	7～8 岁,第一对门齿中部出现珠形圆点;8～9 岁第二对门齿中部呈现珠形圆点;10～11 岁第四对门齿中部呈现珠形圆点	7～10 岁
	牙齿的弓形逐渐消失,变直,呈三角形,明显分离,进一步呈柱状,随年龄而越加明显	12 岁以上

根据牛角轮的变化情况,也可帮助判断年龄。当母牛在妊娠期间,特别是在怀孕的后半期,胎儿发育速度很快,常造成营养不足而影响角组织的生长,在角表面形成一轮凹陷,叫

做角轮。母牛每产一犊出现一个角轮。因此可根据角轮去估计母牛的年龄。如母牛在三岁产第一胎，且以后每年产一胎，则三岁加角轮数就是所估计的年龄。可以根据角轮数目的多少去判别母牛年龄，其计算方法是：

母牛年龄＝该牛第一次产犊年龄－1＋角轮数

通常母牛多在2.5岁或3岁首次产犊，但由于空怀、流产、饲料不足及疾病等因素的影响，这种方法不是十分准确可靠。牧区的牛由于冬春枯草季节营养供应不足也会出现一年一层的角轮。

17. 高产荷斯坦牛应具有什么样的体型外貌？

高产奶牛主要从体型、头颈部和乳房特征等方面进行鉴别。

奶牛的体型外貌与它的生产性能有很强的相关性。高产荷斯坦奶牛体型从侧面、上面、后面三个位置观察呈楔形和倒三角形(见图4-1)。

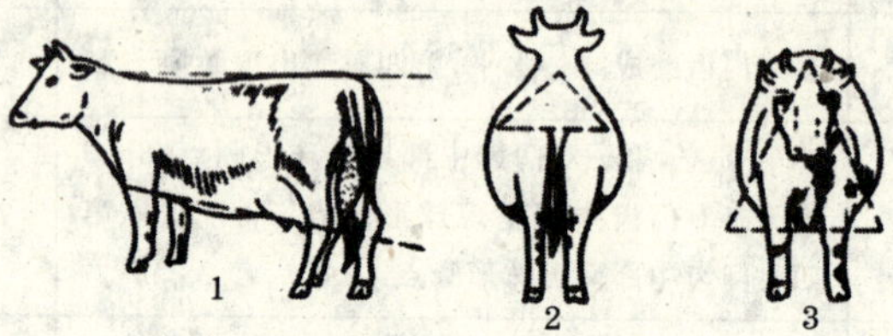

图4-1　奶牛体型外貌模式图

高产奶牛的头颈部特征为，眼睛圆大、明亮、有神、机敏、温驯(母牛)。眼睛细小无神而呆滞或眼球暴露凶相的均不可取。

嘴要宽阔、口裂要深，界线要明显，上下唇应整齐、坚强，下颚发达，这是采食能力强的象征。鼻镜宜宽广，鼻梁正直，鼻孔粗大。

耳宜大小适中，薄而灵活，耳上的毛细血管明显，分泌物丰富，内侧呈橘黄色更佳。

额宜宽阔，以示脑部发育良好。

奶牛的颈宜薄、长而平直，两侧纵行皱褶多，垂皮少。同时要注意头与颈、颈与肩的连接要自然，结合处不宜有明显凹陷（见图 4-2）。

高产奶牛乳房发育特征非常重要。高产奶牛乳房的特点是有薄而细致的皮肤，短而稀的细毛，前乳房向腹前延伸，后乳房向股间延长，整个乳房紧致地附着于两股之间，呈浴盆状（见图 4-3）。挤乳前乳房饱满、富有弹性，挤乳后乳房明显缩小，形成许多皱褶；4 个乳头大小适中，垂直呈圆柱形，间距较宽。乳静脉应粗大、明显、弯曲，而且分支多。高产奶牛乳房前静脉粗壮、弯曲且分支多。乳静脉不发达必然是低产奶牛。

图 4-2 理想的头部特征

图 4-3 理想的奶牛乳房形态

乳井是乳静脉在第八、九肋骨处进入胸腔所经过的孔洞。它的大小与乳静脉粗细有关。一般乳井在腹下左右两侧各一个，个别奶牛有三个或更多。高产奶牛乳井粗大而深。

18. 奶牛长途运输应注意什么？

(1)孕牛药物保胎 起运前对孕牛肌内注射黄体酮50～100毫克进行保胎。

(2)注意运输安全 长途运输应在车槽底部铺上沙土或草垫，槽板用木杆或钢管加高加固。运行中轻启轻停，防止奶牛滑倒摔伤。

(3)运输途中的准备工作应周全 运输过程中要注意保温、防暑，对需要长途运输的牛要供应优质饲料，饲料应以草为主、料为辅，并保证饮水充足，每次饲喂七八成饱即可。

(4)证明材料须齐全 如跨地区运输应备有运输检疫证明、运输工具消毒证明，利用铁路运输的还应该有铁路兽医检疫证明，在县境内购买则应该备有产地检疫证明等。

19. 新购进奶牛入场应注意什么？

奶牛入场前，要对牛舍进行彻底消毒，运动场用2%～3%火碱溶液消毒。奶牛买回来后，应先隔离，不能同其他牛混群饲养，以防传染病传播。隔离期间要对新买进的牛进行身体消毒和驱虫处理，并经过当地畜牧兽医行政部门检疫，隔离观察至少30～45天，确定健康合格后，方可与原群混群饲养，供产奶和繁殖使用。同时注意饲料应逐渐更换，使牛对新饲料和新饲喂程序有一个适应的过程。

20. 奶牛使用年限有多长？

奶牛使用年限，即奶牛母牛一生能产多少胎次，奶牛种公牛配种使用年限。所有动物的繁殖能力都有一定的年限，奶牛亦不例外。奶牛使用年限长短，因品种、饲养管理以及健康状况不同而有差异。母牛一生一般可以产 9～11 胎，公牛可使用 5～6 年。超过使用年限，公、母牛繁殖能力大大降低，便无饲养价值，应及时淘汰。

五、奶牛的生理特点及营养需要

21. 奶牛有哪些行为习性?

了解奶牛的一般行为习性,有助于搞好奶牛饲养管理。

(1)喜好安静 奶牛比较好静,不喜欢嘈杂的环境,强烈的噪音会使奶牛产生应激反应,产奶量会下降或产生低酸度的酒精阳性乳。

(2)性格温驯 奶牛母牛性情比较温驯,特别是高产奶牛。但也有一些母牛在牛群中争斗,特别是在采食、饮水和进出牛舍时以强欺弱,因此,为防止牛群格斗,应在犊牛期进行去角处理。

(3)饮食习性 奶牛采食量大,可利用饲料范围广,不喜欢吃剩饲料、喝剩水。奶牛最喜欢吃青绿饲草和多汁饲料,其次是精饲料、干草。更换饮水与更换饲料相比,奶牛对更换饮水要敏感得多。牛有竞食性,即在自由采食时互相抢食,可利用这个特点,来增加其对劣质饲料的采食量。

(4)合群习性 若把不同牛群组在一起,开始会有相互顶撞现象,但很快就能合群。母牛在运动场上往往三五成群。

(5)好奇行为 奶牛遇见陌生人会表现出好奇,特别是一些青年牛,当有人在牛栏前时它会立即抬头观望,甚至伸头与你接近,好像表示欢迎。当你做出响动或给牛治病时,运动场内的奶牛往往会跑过来围观,年龄越小的牛好奇性越强。

(6)护犊行为 奶牛同其他动物一样,有较强的护犊行为。母牛有时在运动场产犊后,往往舔干犊牛全身黏液,帮助犊牛站立，寻找乳头。奶牛会驱赶欲靠近犊牛的其他母牛或陌生人，当饲养员抬走犊牛时，母牛往往会追赶，但很少攻击人。

22. 奶牛的消化系统结构及生理功能是什么？

奶牛属于反刍动物，由瘤胃、网胃（又称蜂巢胃）、瓣胃和皱胃（又称真胃）四个部分组成一个庞大的复胃。前三个胃的黏膜没有腺体组织，相当于单胃动物（猪）的无腺区，合称前胃；皱胃黏膜内分布有消化腺，其功能与单胃动物的胃相似，所以又称真胃。四个胃在运动形式，消化、吸收功能上具有不同的作用和特点。反刍动物和单胃动物在消化生理方面的主要区别是前胃消化。

(1)瘤胃 奶牛的瘤胃可以比作是一个巨大的生物发酵罐，具有贮藏、浸泡、软化粗饲料的作用。成年母牛瘤胃容积可达 151 升，可容纳 136 千克食糜。瘤胃主要具有 4 种功能。

①混合作用 在瘤胃运动作用下，食糜与唾液充分混合，维持瘤胃内酸碱平衡；通过瘤胃运动将食糜向后推送入网胃继续进行消化和吸收。

②消化作用 通过瘤胃内微生物区系的作用，牛所采食的粗饲料 50%～80%，精饲料 65%～85%在瘤胃中被消化，40%～85%的干物质和大部分粗脂肪也在瘤胃内被消化。

③吸收作用 瘤胃上皮细胞具有较强的吸收功能，可将发酵产生的挥发性脂肪酸和部分氨吸收，进入血液。

④合成作用 瘤胃内微生物可利用饲料提供的能源和氮源（尿素也可提供）合成微生物蛋白质。还可以合成各种 B 族维生素和维生素 K，也可合成乳酸等物质。

(2)网胃 网胃黏膜呈网格状皱褶，又称蜂巢胃。网胃是动力胃，同时与瘤胃共同参与饲料的发酵作用。网胃运动可将食糜由网胃移送至瓣胃，网胃的收缩对于维持奶牛的反刍和排出嗳气具有重要作用。网胃是饮入水的贮存库，也能将食物中混入的铁钉、铁丝等重物贮存起来，因此也是最易受伤的一个胃，其功能如同筛子，将随饲料吃进去的重物如钉子、铁丝等存留其中。同时，网胃也是挥发性脂肪酸、氨等消化代谢产物的重要吸收部位。

(3)瓣胃 瓣胃黏膜形成星月状瓣叶，因此俗称百叶肚，对于来自网胃的食糜具有进一步研磨和筛滤作用；瓣胃对食糜中水分具有吸收作用，食糜中所含的VFA（挥发性脂肪酸）、无机盐等可被瓣胃上皮吸收，使进入皱胃的食糜更细，含水量降低，利于消化。

(4)皱胃 也称真胃，结构与功能与单胃动物相似。皱胃黏膜内分布的消化腺分泌各种消化酶和胃酸，主要参与对蛋白质、脂肪和碳水化合物的消化。消化在瘤胃内未消化的饲料和随着瘤胃食糜一起进入真胃的瘤胃微生物。皱胃除消化食糜外还可消化在瘤胃内合成的微生物蛋白质和过瘤胃蛋白质。因此，牛对粗纤维的消化能力很强（据研究，牛对粗纤维的消化率可达50%～90%，而猪只有3%～25%）。

瘤胃微生物能将食物中含氮物质（蛋白质和非蛋白质）合成菌体蛋白质。饲料中的蛋白质和非蛋白质的含氮物质被牛采食后，在瘤胃内合成微生物蛋白。微生物蛋白质（菌体蛋白质）随着食物到达真胃和小肠后，被消化吸收，为牛利用。因此，正常情况下，牛对饲料中蛋白质的品质和质量要求不高。还能利用一般动物不能利用的非蛋白氮物质（如尿素等）来代替约1/3的蛋白质需要。

由于生理上的缘故，奶牛的采食习性和猪鸡不同，一次性的进食时间长，采食量大，所采食的草料不经细嚼就吞咽下去。草料经食道进入瘤胃后，大部分因较粗糙不能消化，也不易被瘤胃微生物发酵利用。为了促使粗糙食团的消化，奶牛把一个个食团通过逆呕，返回口腔，重新咀嚼，把粗糙的、块大的草料嚼细，再吞咽下去，这个过程称为反刍。反刍是通过瘤胃和网胃壁的运动而完成，一般把其分为逆呕、再咀嚼、混合唾液、再吞咽四个过程。牛羊采食的草料进入瘤胃后经瘤胃液浸泡和软化半小时至一小时以后开始反刍过程。据测定每次反刍持续时间 40～50 分钟，一昼夜反刍 9～12 次，反刍时间 6～8 小时。如果将粗饲料通过机械加工如切短、粉碎，可以节约反刍动物用于咀嚼的能量消耗。

消化不同的食物有不同的微生物参加，当更换饲料时，瘤、网胃内的微生物也随着改变，这一变化进程需要 15～20 天。因此，变换饲料时要逐渐进行，使瘤、网胃内的微生物有个适应的过程，以利于消化。

根据牛的消化特点，在饲养上应充分利用瘤胃微生物的有利作用，尽可能地利用廉价而且营养价值高的青、粗饲料，适当地搭配精饲料。

23. 奶牛饲料是如何分类的?

奶牛饲料分为：粗饲料、青绿饲料、青贮饲料、能量饲料、蛋白质饲料、矿物质饲料、维生素饲料和添加剂饲料八大类。

(1)粗饲料 干物质中粗纤维含量大于或等于 18%的饲料统称粗饲料。本类饲料主要包括：干草类、农副产品(壳、荚、秸、秧、藤)类、树叶类、糟渣类等。干草分为禾本科和豆科，适时收割后晒制，是奶牛的主要粗饲料；秸秆类来源广、价格低，经适度处理后可替代部分青干草。

(2)青绿饲料　以富含叶绿素而得名。按饲料的分类，这类饲料的自然水分含量在45%以上。主要包括天然牧草、人工栽培牧草、青饲作物、叶菜类、非淀粉质根茎瓜类（如胡萝卜、萝卜、甘薯、甘蓝、南瓜、西瓜、苹果、大白菜、甘蓝叶等）、水生植物及树叶类等。这类饲料种类多、来源广、产量高、营养丰富，对促进奶牛生长发育、提高乳品品质和产量等具有重要作用，被人们誉为“绿色能源”。青绿饲料适口性好，但不可以随便喂，原因是：第一，青绿饲料尤其是叶菜类，含水量大，能量较低，易吃个“水饱”，不耐饿。又因含有较多草酸，易引起拉稀和影响钙的吸收。另外，叶菜类含有较多的硝酸盐，在贮存过程中易变成亚硝酸盐，饲喂过量，会引起亚硝酸盐中毒。第二，高粱、玉米、木薯等含有氰苷配糖体，通过植物体内脂解酶的作用能产生氰氢酸，饲喂时，注意防止氰氢酸中毒。第三，豆科青草如苜蓿，饲喂时应控制喂量，不能过多，防止发生瘤胃膨胀。第四，刚喷过农药的蔬菜、青玉米及田间的杂草，不能立即用来饲喂奶牛，以防农药中毒。必须经过至少1个月，待药物残留量消失后才可喂牛。

(3)青贮饲料　就是把饲料（如玉米秸秆等）在新鲜青绿时割下、切碎填入密闭的青贮窖里，经微生物发酵作用而制成的柔软多汁、营养丰富、气味芳香且耐贮存的一种饲料。青贮饲料是奶牛最常用的多汁饲料。青贮可分为全株玉米青贮、黄贮和玉米青贮，高产奶牛最好用全株玉米青贮。

(4)能量饲料　以干物质计，粗蛋白质含量低于20%，粗纤维含量低于18%，每千克干物质含有消化能10.46兆焦以上的一类饲料即为能量饲料，而高于12.55兆焦/千克的则称为高能量饲料。这类饲料主要包括谷实类（如玉米、高粱、大麦、燕麦、稻谷等）、糠麸类（如各种粮食干加工的副产品，如小麦麸、玉米皮、高粱糠、米糠等。)、淀粉质块根、块茎类及其加工副产品、瓜果类和其他类(油脂、糖蜜、乳清粉等)。

(5)蛋白质饲料 以干物质计，粗蛋白质含量高于20%，粗纤维含量低于18%的饲料。包括动物性蛋白质饲料和植物性蛋白质饲料。动物性蛋白质饲料有鱼粉、肉粉、羽毛等。植物性蛋白质饲料主要是油料的加工副产品，如豆饼(粕)、花生饼(粕)、菜籽饼(粕)、棉籽饼(粕)、胡麻饼、葵花籽饼。带壳的棉籽饼和葵花籽饼干物质粗纤维量大于18%，可归入粗饲料。

单细胞蛋白质饲料，经发酵生产的蛋白质饲料(主要为饲料酵母)，非蛋白氮类，如尿素、缩二脲、碳酸氢铵等也属于蛋白质饲料。

(6)矿物质饲料 矿物质饲料以补充钙、磷、镁、钾、钠、氯、硫等常量元素(占体重0.01%以上的元素)为目的。如石粉、碳酸钙、磷酸钙、磷酸氢钙、食盐、硫酸镁等。天然或人工合成产品均属此类。

(7)维生素饲料 包括天然维生素饲料(青绿饲料，胡萝卜等)及人工合成维生素。对奶牛而言须注意补充胡萝卜素和维生素A、维生素E等。对高产奶牛补充烟酸非常重要。

(8)饲料添加剂 为补充营养物质、提高生产性能、提高饲料利用率，改善饲料品质，促进生长繁殖，保障奶牛健康而掺入饲料中的少量或微量营养性或非营养性物质称饲料添加剂。奶牛常用的饲料添加剂主要有：维生素添加剂，如维生素A、维生素D、维生素E、烟酸等；微量元素(占体重0.01%以下的元素)添加剂，如铁、锌、铜、锰、碘、钴、硒等；氨基酸添加剂，如保护性赖氨酸、蛋氨酸；瘤胃缓冲调控剂，如碳酸氢钠、脲酶抑制剂等；酶制剂，如淀粉酶、蛋白酶、脂肪酶、纤维素分解酶等；活性菌（益生素）制剂，如乳酸菌、曲霉菌、酵母制剂等；另外还有饲料防霉剂或抗氧化剂。

24. 一头奶牛一年要准备多少粗饲料？

(1)成年母牛饲料用量的计算　一头成母牛需要的各种饲料数量：干草和秸秆每天不少于 5 千克，一年 1 800 千克以上；青贮和青绿饲料每天 20 千克，一年 8 000 千克；混合精料平均每天 10 千克左右，一年约 3 600 千克（其中玉米 1 800 千克，麸皮 600 千克，饼粕类 1 000 千克，石粉、食盐、骨粉、瘤胃缓冲剂、添加剂各 40 千克）；多汁饲料每天 6～8 千克，一年 2 500千克；平均头日 50 千克。实际计划数量应在此基础上增加 10%左右的贮备损失。

(2)后备母牛饲料用量的计算　后备母年的饲料需要量折合成成年母牛头数计算，折合比例为：犊牛（0～6 月龄）4 头折 1 头，育成年（6～18 月龄）2 头折 1 头，青年牛（18 月龄至初产）1 头折 1 头。按正常的牛群结构，犊牛头数占全群 9%、育成牛占 18%、青年牛占 13%、成母牛占 60%，总体可按全群头数的 84%折合成母牛头数后来计算用量。

25. 苜蓿草对奶牛有什么特殊营养作用？

(1)苜蓿草营养特点

①蛋白质含量丰富，氨基酸种类齐全　苜蓿干草粗蛋白含量高达 18%～24.8%，是一般农作物秸秆的 2.3～3.5 倍，综合营养价值与奶牛的混合精料接近。其营养价值和饲养效果均高于大豆饼、花生饼等，可与鱼粉相当。其中赖氨酸的含量为 1.06%～1.38%，并含有一些稀有氨基酸（瓜氨酸、刀豆氨酸等），具有明显的增加奶牛体重和奶产量，改善奶品质，降

低饲料消耗率，提高饲料的转化率等效果。此外，苜蓿草非蛋白氮含量约占苜蓿总氮量的33%，青贮后的苜蓿草有大量蛋白质水解为氨基酸，其非蛋白氮含量可高达50%以上。均能被奶牛瘤胃中的瘤胃微生物很好地利用。

②维生素、矿物质含量高且易吸收　苜蓿草产品干物质总能为4.87～5.71千卡/克，且富含叶黄素、叶绿素、胡萝卜素、维生素E、维生素B及钙、磷、铁、镁等矿物质元素，其中钙含量高达1.5%～1.9%。

(2)苜蓿草的应用

①苜蓿和尿素相结合可替代奶牛日粮中的大豆粕　用苜蓿干草饲喂奶牛，能显著增强瘤胃微生物合成蛋白质的能力，提高乳牛的奶产量和泌乳的持久性。上海光明集团生产实践表明，用苜蓿草产品饲养奶牛能增强奶牛的抗病能力和免疫力，可显著提高产奶量和繁殖能力。

②苜蓿有利于瘤胃微生物分解作用　研究发现苜蓿在瘤胃中的降解恰好能够产生某些粗纤维分解菌生长所需要的异丁酸、戊酸以及小肽和氨基酸，通过刺激粗纤维分解菌的活性，增进奶牛对纤维性物质的消化率，并改善瘤胃环境的生理参数(如支链脂肪酸、瘤胃氨态氮等)。实验证实补饲苜蓿等豆科牧草产品可改善农作物秸秆的利用效率，并证明苜蓿草和黑麦草存在着正组合效应。所以，在奶牛日粮中添加豆科牧草，既可满足奶牛营养需要，提高奶产品品质，又可显著提高奶牛对粗饲料的利用率，降低饲养成本。

实验研究证明，苜蓿干草在高产奶牛日粮中的添加量最高在40%(干物质基础)为宜。

26. 加工秸秆粗饲料有哪些方法?

秸秆饲料常用加工处理方法可分为三类:物理性加工法、化学处理法和生物处理法。

(1)物理加工法 包括切短、粉碎、揉搓、热喷和制粒等,简单易行。秸秆经过切短、粉碎或揉碎处理后,有利家畜咀嚼,提高家畜采食量,并可减少采食过程的能耗和饲喂过程中的饲料浪费。同时,增加其表面积使之更易与反刍家畜瘤胃微生物接触,从而提高其消化利用率。秸秆饲料的物理加工也是其他加工方法的基础和前提,通过物理加工之后,化学和生物加工处理更易发挥作用。

(2)化学处理法 利用一些化学物质对秸秆饲料进行浸泡或喷洒处理,常用的有碱化和氨化。

①碱处理 碱处理是用氢氧化钠、氢氧化钙、氢氧化钾等溶液浸泡秸秆(湿法处理)或喷洒于秸秆表面(干法处理)。碱化处理可以打开纤维素、半纤维素和木质素之间的酯键,使纤维膨胀,有利于瘤胃液渗入从而提高其消化率。两种处理方法相比,湿法可使秸秆中粗纤维受到较大破坏。由于碱浸泡秸秆后需要用清水冲洗去碱,容易带来环境污染,并使营养物质损失较多,而干法较易在实际中推广应用。

②氨化处理 氨化是用氨水、无水氨和尿素等含氮元素碱性物质处理秸秆,以提高其适口性和粗蛋白质含量。

(3)生物学处理法 利用某些微生物处理秸秆饲料,常用包括青贮、微贮发酵、酶解等,其中以青贮最为广泛。青贮是在缺氧环境中乳酸菌大量繁殖,从而将秸秆中的淀粉和可溶性糖变成乳酸,乳酸积累到一定浓度抑制了腐败菌的生长,秸秆得以长期保存。秸秆青贮后,其营养成分提高较少,但适口性有很大提高。

微贮就是在农作物秸秆中加入微生物高效活性菌种——秸秆发酵干菌，然后密封贮藏，经发酵后，使秸秆变成有酸香气味的饲料。据报道，秸秆微贮是在自然条件下使微生物生长繁殖，从而高效分解秸秆中的木质素和纤维素，提高秸秆饲料中的B族维生素和胡萝卜素的含量，并抑制有害生物的繁殖。

27. 如何制作青贮饲料？

制作青贮需具备如下条件：原料含糖量不宜少于1%～1.5%；含65%～75%水分；适时收割，以保证青贮饲料的适口性、产量和营养物质达到最佳水平；具有适宜的温度；必须具备密封的环境。

制作青贮饲料是一项短时间内的突击性工作，要求收割、运输、切碎、装填、压实、密封连续进行，各环节的工作要点如下：

(1)收割 一般青贮玉米在乳熟期收割，半干青贮在蜡熟期收割，黄贮玉米秸在完熟期提前15天摘穗后收割。豆科牧草在开花初期，禾本科在抽穗期，甘薯在霜前。这时的原料营养成分和产量都高，水分含量适宜，适于制作优质青贮饲料。

(2)运输 要随割随运，及时切碎贮存。放置时间一长，水分蒸发，养分损失。

(3)切碎 原料运到后要及时用铡草机切短，青玉米秸1～2厘米，鲜地瓜秧和苜蓿草2～4厘米，对青贮玉米秸，要求破节率在75%以上。

(4)装填压实 切碎后及时装填，含水率在65%～70%为好。对壕、窖青贮，要随装随压，每装30厘米左右厚度时压实一次，尤其是边缘部分压得越实越好。最好一次装满。如不能一次装满，则装填一部分后，立即在原料上面盖上塑料薄膜，顶部也用木板等盖好，次日继续装填。

(5)密封　严密封顶，防止漏气漏水。当原料装到超过窖口 60 厘米时，即可加盖封顶。先铺塑料薄膜，再加土拍实封严，覆土厚度 30～50 厘米，做成馒头形，有利于排水。窖的四周要挖排水沟，同时经常检查，防止漏气、漏水。

28. 怎样鉴别青贮饲料的优劣？

一般情况下，青贮原料装封 30～45 天以后即可完成发酵进行饲喂。在这期间，一定要经常到窖边查看密封情况，若发现覆盖的塑料薄膜被风刮起或扎破，要立即盖好补封；若遇阴雨天，要事先将窖周围的排水沟清理疏通，以免雨水流入窖内，影响青贮饲料的质量。青贮饲料质量的好坏，能不能饲用，可以从气味、颜色、触感这三方面来判断：

(1)看颜色　青贮前的秸秆为绿色，若青贮后颜色呈青绿色或黄绿色，近于原色者为优良品质；呈黄褐色或暗绿色为中等品质；呈黑色、褐色或暗色者为品质最差。

(2)闻气味　优质的青贮饲料具有轻微的酸香味或水果味，味酸而不刺鼻，似刚切开的新鲜面包的味道，给人以舒适之感；若具有强烈的醋酸味，香味极淡或没有，属中等品质；若有令人作呕、刺鼻的腐臭味或霉味，则表明饲料变质，青贮失败。霉味是因青贮过程中饲料踩压不实所致；有腐臭味的，说明蛋白质变性分解。

(3)查质地　品质优良的青贮饲料压得紧密，但拿在手上又很松散，质地柔软，略带湿润，叶、茎、花瓣能保持原状，能清楚地看出茎叶上的叶脉和绒毛；相反，如果青贮饲料拿在手里有发黏的感觉，严重时茎叶黏成一团好像一块污泥，或是质地干燥粗硬，这表明水分过多或过少，都是品质不佳的表现。

总之，质量上乘的青贮饲料可以放心饲喂家畜，中等品质的青贮饲料不宜喂妊娠家畜和种公畜，质量低劣的青贮饲料已失去利用价值，不宜用来饲喂家畜。

29. 青贮饲料中可添加哪些添加剂？

目前，全世界使用的青贮饲料添加剂有200多种，可以归纳为主要的四大类，即细菌接种剂、酶制剂、非蛋白氮及防腐剂。

(1)细菌接种剂 在我国，市售的接种剂多为均一发酵型乳酸菌。如果青贮原料中的干物质＞25％，则加入足量的乳酸菌(要求每克原料中含乳酸菌100万个)，可迅速地产生大量乳酸，使pH值快速降低，从而有效地抑制其他微生物的生长，保证青贮饲料的安全和质量，干物质损失可以减少3％。为了使细菌在青贮料中接种均匀，接种剂一般先复活，再用水制成悬浮菌液，边装填边洒，原料每30厘米厚洒一次，20天左右即可开窖使用。

(2)酶制剂 主要是纤维素酶、半纤维素酶、淀粉酶和果胶酶，目的是降低青贮料中的纤维含量，利于将纤维素含量高的牧草饲喂给反刍动物。因酶有助于酸性洗涤纤维和中性洗涤纤维的降解，因而促使乳酸发酵、提高干物质回收率、延长贮存期，家畜生产性能有所改善。

(3)非蛋白氮 氨和尿素是青贮饲料中应用最广泛的营养添加剂，用以提高玉米、高粱和其他禾谷类青贮料的粗蛋白质含量，抑制需氧微生物的生长，改善适口性和提高消化率。青贮玉米原料仅含2.3％的粗蛋白质，如果在青贮时，每吨青贮玉米秸中添加 5 千克尿素，则青贮饲料的粗蛋白质可以提高 1.4%。

添加的方法是将尿素(青贮饲料重的 0.5%)充分溶于水，制成水溶液，在入窖装填时均匀地喷洒在青贮原料上。除喷洒外，还可在每吨青贮原料中加入 3~4 千克的磷酸脲，从而有效地减少青贮饲料中的营养损失。

此外，硫、磷、钙等无机盐也在青贮料中使用，在玉米青贮料中加入 0.2%~0.3%的硫酸钠，可使含硫氨基酸在饲料中的含量增加 2 倍。

(4)防 腐 剂

①稀硫酸或稀盐酸　添加方法为 1 份硫酸或盐酸加 5 份水，稀释时注意必须将酸慢慢倒入水中，并不时搅拌，绝不允许将水倒入酸中，以免发生危险。在 100 千克青贮料中加入 5~7 升的稀酸，青贮料便迅速下沉，易于压实，增加贮量，使青贮作物很快停止呼吸作用(生物氧化作用)，从而提高成功率。

②甲酸或乙酸　调制高蛋白质青贮料，通过添加甲酸或乙酸等添加剂，可使蛋白质损失减少到最低程度。如苜蓿等豆科牧草在开花前刈割青贮时，每吨加入 85%~90%浓度的甲酸 2.8~3.5 千克，可以制成高蛋白质青贮饲料。乙酸的用法与甲酸相同。

③甲醛　在美国，甲醛在每吨青贮饲料中的添加量为 85%浓度的甲醛 3.6 千克。在我国一般是用 37%~40%浓度的甲醛溶液，用量为青贮料重量的 1.5%~3%。运用甲醛能有效地抑制杂菌生长，防止腐败，防止饲料中的蛋白质被细菌分解，保存饲料的营养成分。

④苯甲酸及其钠盐　苯甲酸及其钠盐在酸性饲料中，对

霉菌的抑菌作用也很好，用量不超过0.1%。

30. 成母牛的青贮窖容积、干草棚容积测算方法是什么？

(1)青贮窖 应设置在牛场一角，应方便工作。按每头成母牛年需青贮7 500千克，麦类和玉米青贮平均压实密度为550千克/米^{3}计算，每头成母牛需16米^{3}青贮窖容积。成母牛头数可按全群头数的85%折算。

(2)草棚 应设置在牛场一角，远离生活区，以便防火。按每头成母牛年需干草1 500千克、干草压实密度250千克/米^{3}计算，每头成母牛需6米^{3}草棚容积。

31. 如何制作氨化秸秆？

在农村，每年在收获谷物的同时，都产生大量的作物秸秆，如玉米秸秆、小麦秸秆、高粱秸秆等，我国农作物秸秆产量每年数万吨，多数地区焚烧还田，严重污染环境，现提倡过腹还田。秸秆经氨化处理后，一是可提高秸秆的营养价值，一般可提高粗蛋白质含量4%～6%；二是可以提高秸秆的适口性和消化率，一般采食量可提高20%～40%，消化率提高10%～20%，能使奶牛的产奶量提高10%左右；三是氨化秸秆的制作成本(指用尿素)低，操作简单，易于推广。

秸秆氨化制作分窖贮氨化法和塑料袋氨化法。

(1)窖贮氨化法 选择地势较高、干燥、土质坚硬、地下水位低、距畜舍近、贮取方便、便于管理的地方挖窖。窖的大小根据贮量而定。窖可挖成地下式或半地下式，土窖或水泥窖均可以。窖壁一定要修整光滑，若用土窖，可用0.8～0.2毫米厚的农用塑料薄膜平整地铺在窖底和四壁，或者在原料入窖前在底部铺 10～20 厘米厚的秸秆或干草，以防潮湿，窖周围紧密排放一层玉米秸以防窖壁上的土进入饲料中。将秸秆切成 1.5～2 厘米长的小段。将秸秆重量 3%～5%的尿素用水配成溶液，水多少视秸秆的含水量而定，秸秆的含水量为 12%左右，而秸秆氨化应该使秸秆的含水量在 40%左右，所以温水的用量为每 100 千克秸秆加 30 升左右。将配好的尿素溶液均匀地洒在秸秆上，边洒边搅拌，或者一层层均匀喷洒，边装边踩实。装满窖后，在原料上盖 5～20 厘米厚的秸秆或碎草，用塑料薄膜盖好池口，上面覆土 20～30 厘米厚，并踩实。封窖时，原料要高出地面 50～60 厘米，以防雨水渗透。经常检查，如发现破裂或孔洞时要及时补好。

(2)塑料袋氨化法 塑料袋的大小以方便取用为好，塑料袋一般为 2.5 米长，1.5 米宽，最好用双层塑料袋。把切至 1.5～2 厘米长的秸秆，用配制好的尿素水溶液（方法同窖贮法）均匀喷洒，装满塑料袋后，封严袋口，放在向阳的干燥处。存放期间，应经常检查，若嗅到袋口处有氨气味，应重新扎紧，发现塑料袋有破损，要及时用胶带封住。

秸秆氨化一定时间后，就可开窖饲用。氨化时间的长短要根据气温而定。气温低于 5℃，要 56 天以上；气温为 5℃～10℃，需 28～56 天；气温为 10℃～20℃，需 14～28 天；气温为 20℃～30℃，需 7～14 天；气温高于 30℃，只需 5～7 天。

32. 饲喂氨化秸秆应注意什么？

氨化秸秆在饲喂奶牛之前应进行品质鉴定，一般来说，经氨化的秸秆颜色应为杏黄色，氨化的玉米秸为褐色，质地柔软蓬松，用手紧握有明显的扎手感。氨化的秸秆有糊香味和刺鼻的氨味。氨化玉米秸既有青贮的酸香味，又有刺鼻的氨味。

若发现氨化秸秆大部分已发霉时，则不能用于饲喂家畜。

氨化秸秆经品质检验合格后，要在阴凉通风处晾晒 2～3 天，消除氨味后方可饲喂。散放氨味时，要将刚取出的氨化秸秆放置在远离畜舍和住所的地方，以免释放的氨气刺激人畜呼吸道和影响家畜食欲。秸秆湿度较大，天气寒冷，通风时间应稍长。夏季注意氨化秸秆不要暴晒和晾得过干，以免影响氨化效果。取喂后再密封起来，以防放氨后含水量仍较高的氨化秸秆发霉变质。

初喂氨化秸秆时，奶牛不适应。饲喂前将少量氨化秸秆与未氨化秸秆混合饲喂，以后逐渐增加，数日后奶牛即愿意采食氨化秸秆。

氨化秸秆的饲喂量一般可占牛羊日粮的 70%～80%，家畜饲喂氨化秸秆 0.5～1 小时后方可饮水。否则氨化饲料会在其瘤胃内产生氨，导致中毒。如果发现家畜氨中毒现象，要立即停喂氨化饲料，同时灌服 0.5 升食醋、3～5 升 10%～15% 的糖水解毒。饥饿的家畜不宜大量饲喂。有条件的地区，可适当搭配一些含碳水化合物较高的饲料，并配合一定数量的矿物质和青贮饲料饲喂，以便提高氨化秸秆的利用率。

33. 青贮、微贮与氨化秸秆饲料有什么区别？

(1)处理原理不同，效果有别 青贮是在厌氧环境下制成，较好地保持了青绿多汁饲草的营养特性，养分损失较小，尤其是维生素的损失程度明显低于干草和微贮、氨化饲料；微贮饲料是通过各种微生物的作用，发酵并降解木质素，提高原料的适口性和消化率；氨化饲料则是通过氨的作用降解纤维素，提高原料的适口性和消化率，且提高粗蛋白质的含量。

(2)处理时间有区别 青贮适用于原料含水量在 65%～

70%，并有适当的含糖量，否则制作青贮极易失败或效果很差；微贮、氨化则对原料水分、含糖量的要求较宽松，可以长年使用。

(3)处理方法有区别 青贮可以不添加任何物质，成本最低；微贮需添加菌种和相应辅助物质，但是用量很少，成本也较低；氨化则必需配有充足的氨源，成本相对较高。

34. 饲喂胡萝卜时应注意什么？

胡萝卜作为奶牛饲料，其营养价值表现为：适口性好。在青饲料缺乏的季节，向以秸秆或干草为主要粗饲料的奶牛日粮中每天每头牛添加3～4千克鲜胡萝卜，可改善日粮的风味，促进奶牛的食欲，增加采食量，调节奶牛的消化机能，从而提高产奶量；胡萝卜营养丰富，胡萝卜素含量高，含有大量的维生素、单糖、淀粉、钾、钙、磷、铁等营养成分和无机盐类。经常补饲胡萝卜可以促使奶牛正常地发情、排卵、受孕、怀胎。对种公牛，补饲胡萝卜可促进精子的正常生成。

胡萝卜不但产量很高，而且容易栽培，又耐贮藏，是一种优质的奶牛多汁饲料。

成年奶牛每头每天饲喂量可达5千克。饲喂时注意：胡萝卜最好切碎后饲喂，不然容易引起奶牛的肠道梗塞。胡萝卜最好生喂，熟喂会破坏其胡萝卜素、维生素C、维生素E等。如果是胡萝卜下脚料，还应注意其保存时间、贮存地点等。夏季不能饲喂霉变的胡萝卜，冬季不能饲喂冰冻的胡萝卜。新鲜胡萝卜中含水量高，一般为87%～90%，体积又大，所以单位体积能量浓度很低，不能单独作为奶牛的能量来源。

35. 奶牛饲喂糟渣类饲料应注意什么?

(1)糟渣类饲料特点 相对于其他粗饲料,糟渣类饲料含有较高的能量和蛋白质,体积大,适口性好,是良好的奶牛饲料,常用的有啤酒糟、甜菜渣、豆腐渣、玉米淀粉渣等。但糟渣类饲料也有不足之处,因其含水量高,易于腐败变质,过量饲喂易腹泻,有些还可能造成中毒。

有些糟渣类饲料干物质中粗纤维含量小于 18%,所以也被列为精饲料类,如啤酒糟和玉米淀粉渣等。

啤酒糟是以大麦为原料,经发酵提取其子实中可溶性碳水化合物酿造啤酒后的工业副产品,过瘤胃蛋白质的含量较高,如果能保证长期稳定地饲喂奶牛,既可以增加奶牛的食欲,又有利于奶牛产奶性能的发挥。

(2)饲喂糟渣类饲料应注意的问题 玉米淀粉渣在加工时含有少量亚硫酸,过量饲喂易造成奶牛发生臌气病和酸中毒,泌乳牛日喂量为 10～15 千克。

豆腐渣干物质中粗蛋白含量丰富,适口性好,奶牛较喜欢吃,由于含水量高,易酸败,最好鲜喂。日喂量为 2.5～5 千克,过量易引起奶牛腹泻。

36. 奶牛饲喂啤酒糟应注意什么?

(1)鲜啤酒糟的优点 粗蛋白质含量高,鲜啤酒糟的干物质中粗蛋白质达 28.4%,而且粗蛋白质中过瘤胃蛋白也相对较高,可以达到 15%～21%,是一种很好的过瘤胃蛋白质饲料;在同等蛋白质水平下,啤酒糟的价格便宜;啤酒糟的适口性极好,奶牛喜欢采食。

(2)饲喂鲜啤酒糟应注意以下几点 注意营养平衡。啤酒糟中钙、磷含量低且钙、磷比例不合适，应补充钙、磷等矿物质饲料，以提高奶牛产奶量，避免营养代谢性疾病的发生。

要科学地控制啤酒糟的饲喂量。饲喂大量的鲜啤酒糟会降低干物质采食量，特别是同时饲喂青贮的日粮；据各地经验，每头每日喂量以7～8千克为宜，生产性能可显著提高，对牛又无不良影响，一般不超过10千克。

啤酒糟要贮存在牛场较干净的地方。最好贮存在塑料袋内或水泥地面上。

饲喂要及时。因啤酒糟是酿酒的副产物，其中富含微生物，且含水量高，所以变质较快。饲喂时，一定要保证新鲜，同时每日每头可添加150～200克小苏打。对一时喂不完的啤酒糟要妥善保存，在夏季应在2～3天内喂完，冬天可延至5～7天。

要注意饲喂时期。对产后1个月内的泌乳牛应尽量不喂或少喂，以免加剧泌乳初期的营养负平衡，而延迟奶牛产后生殖系统的恢复，对发情配种产生不利的影响。

治疗啤酒糟中毒时，重点是增加血容量、补碱和解毒。增加血容量可对患牛静注5%的糖盐水和复方氯化钠注射液等。对发生酸中毒的病牛，可静注5%碳酸氢钠注射液。解毒可采用静注25%葡萄糖注射液、维生素C等。

37. 使用饼粕类饲料应注意什么？

奶牛常用饼粕类饲料有大豆饼粕、棉籽饼粕、菜籽饼粕、花生仁饼粕、葵花饼粕、亚麻饼粕。

(1)大豆饼粕 是我国最常用的主要植物性蛋白质饲料。大豆饼粕含蛋白质较高，达40%～45%，必需氨基酸的组成比例也比较好，尤其赖氨酸含量是饼粕类饲料中最高者，高达

2.5%～3%，蛋氨酸含量较少，仅含 0.5%～0.7%。大豆饼粕适口性好但价格较高，从经济考虑，在高产奶牛日粮中，大豆饼粕可占精料的 20%～30%，低产奶牛的用量可低于15%。

(2)棉籽饼粕 是提取棉籽油后的副产品，一般含有32%～37%的粗蛋白质，赖氨酸和蛋氨酸含量均较低，分别为1.48%和 0.54%，精氨酸含量高，达 3.6%～3.8%。在牛饲粮中使用棉籽饼粕，要与含精氨酸少的菜籽饼粕搭配使用。

棉籽饼粕在瘤胃内降解速度较慢，是奶牛和肉牛良好的蛋白质饲料来源，奶牛日粮中适量使用还可提高乳脂率。但由于棉籽饼粕中含有一种有毒物质——棉酚，对动物健康有害，虽然瘤胃微生物可以降解棉酚，使其毒性降低，但也应控制日粮中棉籽饼粕的比例。在母牛干奶期和种公牛日粮中，不要使用棉籽饼粕；犊牛日粮中可少量添加；成年母牛日粮中，棉籽饼粕的添加量一般不超过 20%，或日喂量不超过1.4～1.8 千克。

(3)菜籽饼粕 油菜为十字花科植物，籽实含粗蛋白质20%左右，榨油后籽实中油脂减少，粗蛋白质相对增加到30%以上，代谢能较低。菜籽饼中含赖氨酸 1%～1.8%，蛋氨酸 0.4%～0.8%，含硒量是常用植物饲料中的最高者，磷利用率较高。菜籽饼粕在瘤胃中的降解速度低于豆粕，过瘤胃蛋白质较多。

菜籽饼粕的适口性差，消化率较低，且含有芥子甙或称硫甙，各种芥子甙在不同条件下水解，会生成异硫氰酸酯，对动物有害。由于瘤胃微生物可以分解部分芥子甙，因此芥子甙对牛的毒性较弱，但饲喂量较大时，也可能会造成中毒。经去毒处理后可保证饲喂安全。奶牛日粮中菜籽饼粕用量在

15%以下，或日喂量1～1.5千克，产奶量和乳脂率均正常，青年母牛日粮中也可少量使用菜籽饼粕，犊牛和怀孕母牛最好不喂。

(4)花生仁饼粕 含粗蛋白质40%～49%，代谢能含量可超过大豆饼粕，是饼粕类饲料中可利用能量水平最高者，但赖氨酸和蛋氨酸含量不足，分别为1.5%～2.1%和0.4%～0.7%。适口性好，有香味，奶牛喜欢采食，可用于犊牛的开食料，对于奶牛也有催乳和促生产作用，但饲喂量过多，可引起牛腹泻。花生饼的瘤胃降解率可达85%以上，因此不适合作为唯一的蛋白质饲料原料。

花生仁饼粕很易染上黄曲霉菌，当含水量在9%以上、温度30℃左右、相对湿度为80%时，黄曲霉即可繁殖。如果牛采食大量有黄曲霉的花生仁饼粕，就会引起中毒。因此花生仁饼粕应新鲜使用，不要久贮。对于感染黄曲霉的花生仁饼粕，可以用氨处理法进行脱毒处理后使用。

(5)葵花饼粕 其饲用价值，取决于脱壳程度。我国葵花饼粕的粗蛋白质含量较低，一般在28%～32%之间，可利用能量较低，赖氨酸含量不足(低于大豆饼粕、花生饼粕和棉仁饼粕)，为1.1%～1.2%，蛋氨酸含量较高，为0.6%～0.7%。

脱壳的优质葵花饼粕代谢能含量较高，饲用价值与大豆饼粕相当。牛采食葵花饼粕后，瘤胃内容物的酸度下降，它通常可作为牛的优质蛋白质饲料来源，牛日粮中葵花饼粕可以用到20%以上。

(6)亚麻饼粕 亚麻在我国东北和西北栽培较多，其种子榨油的副产品亚麻籽饼或亚麻籽粕粗蛋白质含量为32%～36%，赖氨酸和蛋氨酸含量分别为1.1%和0.47%。因赖氨酸含量不足，所以亚麻饼粕应与其他含赖氨酸较高的蛋白质饲料混合饲喂。

亚麻籽饼粕有促进胃肠蠕动和改善被毛的功能，对提高奶牛产奶量也有一定的效果，犊牛、泌乳牛饲粮中均可使用，但亚麻饼粕中含有生氰糖苷，可引起氢氰酸中毒；另外还含有对动物有害的亚麻籽胶和维生素拮抗因子，所以亚麻饼粕在日粮中的用量应控制在10％以下。

38. 奶牛饲喂尿素应注意什么？

奶牛有发达的瘤、网胃系统，其中有大量微生物（主要是细菌和原虫）在活动。这些微生物能利用瘤胃中的氨源和碳源合成微生物蛋白质，这些微生物蛋白质随瘤胃内容物进入真胃和小肠分解成多种肽、短肽和氨基酸被奶牛吸收利用，因此奶牛能利用饲料中的非蛋白氮，如尿素、缩二脲等可以节约部分蛋白质饲料。

尿素含氮约46％，如换算成粗蛋白质则 $46 \times 6.25 = 287.5\%$，即1千克尿素相当于2.87千克的粗蛋白质。

但饲喂尿素应注意以下几点：

尿素只能作为氮源以补充蛋白质的不足，一般喂量不能超过日粮中总氮量的1/3；在蛋白质充足的情况下，不需补充尿素，以防止蛋白质加速尿素分解产氨而发生中毒。

严格控制喂量，每100千克体重喂量为20～50克，每头成年母牛每日最高喂量不能超过300克，一般控制在150克左右为宜。

初次饲喂时，喂量要少，使瘤胃微生物有一个适应过程，量由少到多，经10～15天逐渐增至全量，千万不能一次立即大量供给。

尿素吸水性很强，极易分解释放出氨，因此不能溶于水中喂饮；喂时可溶于清水或糖稀中拌料、拌草或洒在饲草上；喂后不能立即饮水；全天量应分2～3次饲喂。

犊牛、年幼育成牛因瘤胃微生物发育不全，不要饲喂。

为了解决以上问题，科研人员相继开发了尿素的替代品，如磷酸脲、异丁叉双脲、缩二脲、脂肪酸脲等20多种，或者将尿素包被处理。它们最大的特点是在瘤胃内的分解速度慢，从而使氨的释放速度与其吸收速度接近同步。这样既可防止中毒，又能使微生物充分利用氨，而不致造成浪费。

39. 怎样给奶牛补充矿物质元素和维生素？

奶牛需补充的矿物质按其与体重的比例分为常量元素（钙、磷、钠、氯、钾、镁、硫）和微量元素（铁、铜、锌、锰、硒、碘）。因奶牛瘤胃微生物可合成一部分维生素，需由饲料补充的主要是维生素A、维生素D、维生素E和烟酸。

微量元素和维生素是奶牛代谢不可缺少的物质，但其添加量极少，补充时须根据奶牛营养需要量添加，添加时须均匀，过量会引起中毒，甚至死亡。因此必须加工成微量元素添加剂、维生素添加剂或微量元素和维生素复合预混料。因工艺比较复杂，一般由专业饲料厂加工生产。使用者按添加说明均匀混合在精料补充料中。添加剂饲料按其在精混料中添加的比例可制成0.5%、1%、4%、5%等不同的产品，目前市场上有大量添加剂产品，应根据奶牛产奶性能和产奶阶段选择适合的产品。添加剂中未加入钙、磷、钠、氯时应均匀混合在日粮中。也可制成舔砖，让奶牛自由舔食。舔砖主要成分是食盐，也有将钙、磷、铁、铜、锌以及尿素复合制成的复合食盐舔砖。

40. 什么是奶牛饲养标准?

根据畜禽的种类、性别、年龄、体重、生理状态和生产性能等条件，应用科学研究成果并结合生产实践经验所制订的畜禽能量和营养物质的供给量，称之为饲养标准。奶牛饲养标准是奶牛营养需要的研究成果应用于奶牛饲养实践的权威性表述，它反映了奶牛生存和生产对饲料及营养物质的客观要求，它是奶牛生产计划中组织饲料供给，设计饲粮配方、生产平衡饲粮和对奶牛实行标准化饲养的技术指南和科学依据。如产奶牛饲养标准由按体重计算的维持需要、按产奶量计算的生产需要及常用饲料成分与营养价值表等部分组成。

41. 如何配制奶牛日粮?

配制奶牛日粮必须遵守以下原则，即科学性与先进性，经济性、可操作性、市场性和合法性。在此基础上根据奶牛特殊消化生理，科学配制饲料配方。奶牛能量和蛋白质营养体系仍在不断改进中，过去主要以过瘤胃蛋白质和瘤胃降解蛋白质配制日粮，现以小肠可消化蛋白质和可消化氨基酸作为重要指标。奶牛能量体系以产奶净能和奶牛能量单位为指标。

配制奶牛日粮的步骤为:

(1)查饲养标准 根据奶牛的体重、胎次和产奶性能从饲养标准中查出营养需要量，其中包括干物质、奶牛能量单位(或产奶净能)、蛋白质(有条件时应包括可消化粗蛋白质、代谢蛋白质、瘤胃降解蛋白质、过瘤胃蛋白质)、粗纤维(有条件时应以中性洗涤纤维为宜)、非纤维性碳水化合物、矿物质及维生素需要量。奶牛饲养标准见附表1～4。

(2)确定日粮精粗比例 一般要求粗饲料干物质至少应

占奶牛日粮总干物质的40%～50%。

粗料量确定后，计算各种粗饲料所提供的能量、蛋白质等营养量。所用饲料的营养成分最好每次均能进行测定，因饲料成分及营养价值表所提供的饲料成分及营养价值是许多样本的均值，不同批次原料之间有差异，尤其是粗饲料。测定的项目至少包括干物质、粗蛋白质、钙和磷。

(3)确定精料配方 从营养需要量中扣除粗饲料提供的部分，得出需由精料补充的差值，并通过计算机或手工计算，在可选范围内，找出一个最低成本的精料配方。在饲料原料的选择上应因地制宜，降低成本。

(4)确定添加剂配方及添加量 除矿物质和维生素外，一些特殊用途的添加剂也要确定和添加。

42. 如何使用奶牛浓缩料?

浓缩饲料主要由微量元素、维生素、氨基酸，促生长或防病药物等添加剂和钙、磷及蛋白质饲料所组成，是一种全价饲料的半成品，不能单一使用，与一定比例的能量饲料混合后得到近似全价饲料。市场上销售的浓缩饲料用量为20%～40%，使用时按照说明添加60%～80%的能量饲料即可。

43. 奶牛饲喂方法有哪些?

奶牛饲喂方法有人工饲喂和机械饲喂两种。人工饲喂奶牛应遵循先粗后精、先劣后优的原则，尽量以优带劣，增加干物质采食量。机械饲喂主要采取全混合日粮(TMR)饲喂。TMR是根据奶牛不同生长发育和泌乳阶段的营养需要，按营养专家设计的日粮配方，用特制的搅拌机对日粮各组分进行切割、搅拌、混合和饲喂的一种先进的饲养工艺。

TMR可将精粗饲料混合均匀,维持瘤胃健康。奶牛单独采食精料后,瘤胃内产生大量的酸;而采食有效纤维能刺激唾液的分泌,降低瘤胃酸度。TMR使奶牛均匀地采食精粗饲料,避免挑食,维持相对稳定的瘤胃pH值,有利于维护瘤胃的健康;TMR日粮为瘤胃微生物同时提供蛋白质、能量、纤维等均衡的营养物质,加速瘤胃微生物的繁殖,提高菌体蛋白质的合成效率。

增加干物质采食量,提高饲料转化效率。充分利用农副产品和一些适口性差的饲料原料,减少饲料浪费,降低饲料成本;根据饲料品质、价格,灵活调整日粮,有效利用粗饲料。

简化饲喂程序,有利于提高劳动生产率。减少饲养的随意性,管理的精准程度大大提高;实行分群管理,便于机械饲喂,提高效率,降低劳动力成本;实现一定区域内小规模牛场的日粮集中统一配送,从而提高奶业生产的专业化程度。

降低疾病发生率。瘤胃健康是奶牛健康的保证。TMR使精、粗料均匀一致,各种营养成分比例均衡,瘤胃内环境稳定,减少了营养代谢病的发生,避免了微量元素、维生素缺乏或中毒现象。

44. 如何制作奶牛TMR?

TMR适合于较大规模的牛场,分群饲养是实施TMR的基础并应具备实验分析条件,定期对TMR各种原料的营养成分和物理特性进行全面测试分析,以保证TMR营养水平符合理论要求。

对全部日粮组分进行彻底混合是确保TMR质量的关键,因此必须具备饲料搅拌设备。TMR制备机从外形上分为卧式、立式,从动力类型上分为自走式、牵引式和固定式,并且每一型号有不同容积规格的款式。一般500头以下的奶牛场(区)选用7米^{3}搅拌设备较为合适;800头左右的奶牛场(区)选用12米^{3}较为合适。

奶牛TMR制作技术:

(1)饲料配方制作 根据牛场实际情况,牛群的大小和产奶牛泌乳阶段、产量、胎次、体况等因素,饲料资源及其营养特点等合理制作TMR配方。根据牛群每天采食量多少,TMR搅拌机的容积,决定一次搅拌时各种饲料原料填料的数量。

(2)混合加工 根据TMR饲料搅拌机使用说明,按顺序添加各种饲料原料(卧式与立式的填料顺序不同),合理掌握搅拌时间。掌握搅拌时间的原则是确保搅拌后TMR中至少有20%的粗饲料长度大于3.5厘米。一般情况下,最后一种饲料加入后搅拌5~8分钟。

(3)水分控制 保证含水率40%~50%。全混合日粮的最佳水分含量为35%~50%,偏湿则采食量会受到限制,偏干则适口性会受到影响,采食量也要受到限制。

(4)质量评价 质量好的TMR,感官上表现为精粗饲料混合均匀,松散不分离,色泽均匀,新鲜不发热、无异味,不结块。

(5)注意事项 掌握适宜的搅拌量,避免装载过多,影响搅拌均匀度,通常装载量占总容积的60%~75%为宜。严格按日粮配方,保证各组分精确给量,定期校正计量衡器。根据青贮及粗饲料等含水量,控制TMR水分。添加饲料过程中防止铁器、石块、包装绳等杂质混入搅拌车,造成车辆损伤。

45. 高产奶牛日粮中为什么要添加过瘤胃氨基酸?

过瘤胃氨基酸又叫保护性氨基酸。

研究表明，蛋氨酸和赖氨酸被认为是合成乳和乳蛋白的主要限制性氨基酸。但是，奶牛瘤胃具有发酵降解功能，使添加的氨基酸全部降解，使最终到达小肠被吸收利用的氨基酸量减少。在这种情况下就必须使用经过处理的过瘤胃氨基酸。

在奶牛日粮中添加过瘤胃氨基酸，不仅可以使奶牛达到最高产奶量，而且可以降低日粮中粗蛋白质供应量，提高饲料利用率，降低成本，避免蛋白质过剩给奶牛造成的负担。蛋氨酸羟基类似物（MHA）在低纤维饲粮中，能提高乙酸与丙酸比例，产奶量可提高 12%～18%，停喂后产奶量明显下降。补充 MHA 的犊牛，体重提高 11%。

氨基酸金属螯合物可用于提高矿物质的生物利用率。蛋氨酸锌和赖氨酸锌已成功作为过瘤胃氨基酸的来源，可以提高奶牛泌乳量、免疫功能和降低奶中体细胞计数。但利用氨基酸螯合锌会使锌高于正常水平 10～20 倍。

目前市场上的过瘤胃蛋氨酸添加剂产品，主要是蛋氨酸钙和蛋氨酸锌。赖氨酸产品由于价格问题用的较少。

46. 奶牛日粮中为什么要添加过瘤胃脂肪？

过瘤胃脂肪又叫保护性脂肪。奶牛分娩后，产奶量会迅速增加，经 1 个月左右进入泌乳高峰，但是母牛对饲料干物质采食高峰通常出现在产后 3 个月左右。所以泌乳盛期奶牛均处于能量负平衡状态，产奶量越高负平衡越严重。如果时逢夏季高温季节，奶牛食欲降低，采食量更不足，能量供求矛盾就更为突出。能量供给不足，也会削弱其他营养物质的利用率。为了保障泌乳营养需要，母牛会动用体脂供给能量，但分解代谢过程中利用率下降，造成很大的浪费。这就导致产后母牛消瘦过快、产奶高峰迟来、高峰持续期缩短、产奶量下降很快，母牛的高产潜能难以充分发挥。

奶牛泌乳前期，尤其是高产奶牛，能量负平衡不仅影响奶牛产奶潜力的发挥，还影响奶牛繁殖性能，增加奶牛营养代谢疾病的发生，增加淘汰率，缩短奶牛的使用寿命，严重影响奶牛企业的经济效益。补充瘤胃保护脂肪是解决上述问题重要而经济可行的途径。

在奶牛业发达国家，如欧美各国、日本、韩国和澳大利亚，饲喂瘤胃保护脂肪产品是保持乳牛高产和稳产的基本措施之一。奶牛日粮中补充瘤胃保护脂肪的主要作用为：增加奶牛日粮的产奶净能，改善养分的利用率，提高产奶量；直接增加血液中脂肪酸浓度，增加乳腺的脂肪酸供应量，提高乳脂率；减少体脂损失，增加孕激素和前列腺素的合成和分泌，改善繁殖性能；改善奶牛体况，减少营养代谢疾病的发生，增加抵抗力，降低淘汰率；减少热负荷，增强奶牛抗热应激的能力。

目前市场上常用的过瘤胃脂肪产品，主要是脂肪酸钙类产品，如英国生产的美加力。

47. 奶牛饲料中添加阴离子盐有哪些作用？

所谓阴离子盐主要是指氯化铵、硫酸镁等。

“产前20天饲喂阴离子盐防治产乳热（生产瘫痪），是奶牛围产期营养的里程碑”。美国国家科学研究委员会已把阴离子盐的使用作为一种防治产乳热的最佳方法载入NRC奶牛营养标准（2001）。

临床实验表明，产前20天饲喂阴离子盐能明显减少产乳热、胎衣滞留、乳房炎发病率和真胃移位。提高产奶高峰期平均产奶量，即使在管理很好，产乳热和酮中毒发病较少的群体，通过避免亚急性低血钙可以增加泌乳期产奶量230～450千克(3.6%～7.3%)；改善乳品品质，显著降低鲜奶体细胞数；明显改善奶牛繁殖性能，提高怀孕率，缩短空怀期减少配种次数，降低复配率；节省其他方面的开支，如减少奶牛疾病的治疗费用、人工费用等，延长奶牛的使用寿命。

48. 奶牛日粮中如何使用缓冲剂？

奶牛日粮添加缓冲剂，一是能改善奶牛对饲料的进食量，提高和稳定产奶量；二是能使奶牛瘤胃、肠道内容物和体液的氢离子浓度保持正常，使瘤胃pH值保持在6.2～6.8范围内，利于瘤胃中细菌的繁殖；三是冲淡了瘤胃液，使瘤胃液的外流速度大大增加，同时又增加了乙酸浓度，提高了乙酸、丙酸的比例，进而提高了乳脂率；四是能有效地防止瘤胃酸中毒，提高抗病能力，促进牛体健康。草木灰是很好的奶牛营养添加剂，试验表明，在分娩后的奶牛日粮中添加3.5%草木灰与对照组比较，采食量和产奶量分别提高10%和13%以上，胃肠道发病率明显减少。

符合下列条件需添加缓冲剂：泌乳初期的高产奶牛；日粮精料占50%～60%以上；长期饲喂青贮饲料，或粗饲料几乎全是糟渣类饲料；泌乳初期，其日粮又为高精、高糟渣类饲料，且粗料质量很差；夏季泌乳牛食欲下降，进食干物质明显减少时；当泌乳牛群中所产常乳的乳脂率明显下降时；当泌乳牛日粮从粗料型转换到精料型(精粗比60∶40)时。

各种缓冲剂的添加量为：碳酸氢钠，日粮干物质进食量的0.7%～1.5%；占精料的1.4%～3%。碳酸钠(食用碱)的用量为碳酸氢钠(小苏打)的1/2。

氧化镁，为日粮干物质的0.2%～0.4%；或用2～3份碳酸氢钠与1份氧化镁混合，其用量为日粮干物质的0.6%～0.8%或精料的1.6%～2.6%。

膨润土，为日粮总干物质的0.6%～0.8%；或精料量的1.2%～1.6%。

草木灰，为日粮总干物质的2%～3%或精料量的3%～4%。

对日产奶量高于30千克的高产奶牛，在添加碳酸氢钠的同时，另加氧化镁或膨润土等。

49. 奶牛日粮配制原则及注意问题有哪些?

奶牛饲养中有“草上膘，料出奶，水精神”的说法。“草上膘”指粗饲料决定奶牛的膘情，“料出奶”表明精饲料影响产奶量。因此，奶牛日粮搭配应注意把握以下原则：

(1)粗饲料为主，高度重视粗饲料的质量和喂量 奶牛生理和消化器官的特性决定了奶牛是以粗饲料为主的家畜。粗饲料含有丰富的纤维素，给奶牛以饱腹感并能够刺激奶牛反刍，既有助于唾液分泌，有效地控制奶牛瘤胃中的酸碱度，也是决定瘤胃环境是否正常的一个指标。

奶牛的奶品质相当大的程度上取决于干物质进食量与粗饲料的品种和质量。粗饲料质量差，采食量不足，不仅影响奶牛稳产、高产，使乳脂率下降，而且会引发许多疾病，如胎衣不下、产后子宫迟缓、子宫内膜炎、肢蹄病等。因此，必须高度重视奶牛粗饲料的质量和喂量，应把握以下原则：

①足量、自由采食：计算日粮时，尽量提高粗饲料比例，保证粗饲料在日粮中的比例在任何情况下不低于40%；后备牛和干奶牛主要以饲喂优质粗饲料为主，活动场所周围设置补饲槽，让奶牛自由采食。

②纤维应有足够长度:粗饲料应有足够的长度才能促进反刍。青贮料15%～20%长度超过4厘米,每日每头奶牛至少提供长度超过4厘米的纤维2.5千克。

③优质:尽量选用营养成分高,收获及时,不霉变的粗饲料。

④多样化:保证奶牛营养均衡,不能单一使用一两个品种的粗饲料,豆科和禾本科饲料搭配饲喂。

(2)精饲料要少而精 精饲料的配制原则是补充粗饲料中缺乏的营养物质,又称精料补充料,主要由玉米、饼粕类、麸皮、食盐、石粉、微量元素添加剂、维生素添加剂等组成,尽量使用优质原料,提高精混料单位重量的能量和蛋白质含量;尽量降低精饲料使用比例,经粗加工、压扁或膨化使用,提高饲料利用率。

(3)尽量不使用药物添加剂 为了保证牛肉的无公害生产,药物和饲料添加剂的选择要严格执行国家制定的标准。

(4)保持饲料相对稳定 不论是粗饲料还是精饲料,原料来源和品种都应保持相对稳定,才能保证奶牛消化功能不出现紊乱,有利于奶牛健康和生产。

六、奶牛的饲养管理

50. 奶牛分为几个阶段进行管理？

(1)犊牛期　又分为哺乳期犊牛(0～3月龄)和断奶期犊牛(4～6月龄)。此阶段是发病率和死亡率最高的时期，也是生长发育最快的时期。

(2)育成期　又分为小育成牛(7～12月龄)和大育成牛(12～17月龄)。小育成牛阶段是性成熟期，母牛初情期发生在10～12月龄。大育成牛期是母牛体成熟期，16～18月龄是母牛的初配期。

(3)青年期　又分为妊娠前期青年牛(18～24月龄)和妊娠后期青年牛(24～27月龄)。前者是母牛初妊期，也是乳腺发育的重要时期；后者是母牛初产和泌乳的准备时期，是由后备母牛向成年母牛的过渡时期。

(4)泌乳期　母牛的泌乳阶段可分为围产后期(分娩后至第15天)、泌乳前期(分娩后第16天～第100天)、泌乳中期(分娩后第101天～第210天)、泌乳后期(分娩后第211天～停奶)。

(5)干奶期　约为60天，前45天为干奶前期，后15天为干奶后期。

51. 犊牛饲喂有什么要求？

(1)喂足初乳　奶牛产后5～7天分泌的乳汁称为初乳。新生犊牛第一次人工哺喂初乳，应在出生后30分钟到1小时内进行，喂量2升，过2小时再喂2升。出生12～24小时内，应喂初乳3～4次，每次2升。以后犊牛每天可按体重的10%左右计算初乳喂量，每天喂3～4次。初乳中含有大量的免疫球蛋白可增强犊牛免疫力；初乳中还含有较多的镁盐，有轻泻作用，有助于胎粪的排出。

喂初乳要定时、定量、定温(38℃)。喂乳后应用清洁毛巾擦净嘴巴，防止互相吸吮。犊牛喂初乳1～2小时后，饮给38℃的温水；15小时后改饮常温水，30小时可转为自由饮水。

(2)饲喂常乳 奶牛产后7天左右分泌常乳，主要为犊牛提供脂肪。此时开始训练犊牛采食干草，在犊牛栏的草架上或饲槽里放置优质干草任其自由采食，可以促进犊牛的瘤胃发育和防止舔食异物。

犊牛出生后15天左右，应开始训练其采食精料。开始时可将精料涂于犊牛口鼻处，教其舔食。最初每天喂量为10～20克，随着日龄的增长，精料的采食量逐渐增加，到30天时每天应采食250～300克。

(3)断奶犊牛饲养 犊牛在断奶前，每天应有规律地减少喂奶次数和喂奶量，减少的奶量用温水补充，同时增加精料喂量。当采食精、粗饲料量可满足其生长发育需要时即可断奶。

断奶犊牛每天饲喂3次青贮饲料和犊牛料，犊牛料喂量1～2千克，运动场内自由采食干草、食盐和饮水。

犊牛哺乳期一般为60～90天，全期喂奶量为300千克(200～400千克)左右。

现大多数养殖户在犊牛出生后即与母牛分开，单独饲喂，这样有利于母牛的产奶，便于犊牛的管理。进行人工哺乳时，用哺乳奶瓶或桶。

52. 犊牛管理有哪些内容?

(1)断脐、消毒 犊牛出生后,应首先清除口腔内及鼻孔内的黏液,以免呛咳或妨碍呼吸。用干草或干抹布擦净犊牛体躯上的黏液后,对自然扯断脐带或人工剪断脐带的犊牛,挤出脐带中的内容物,用5%碘酊浸泡消毒。

(2)称重、去角 初生犊牛的称重在被毛干后第一次喂初乳前进行。画像摄影,测尺和编号,随后进行登记。犊牛编号常用塑料耳标固定在牛的耳朵上。根据育种和生产需要,犊牛在初生3~6月龄进行称重和测定体尺,转入育成牛群饲养。犊牛应在生后7天内去角,可用苛性钾(或钠)棒法或电烙铁烧烙法。

(3)单栏饲养 犊牛在哺乳期应单栏饲养。断乳犊牛采取大栏散养或拴系饲养。犊牛舍要保持干燥、清洁,光照充足,空气新鲜。犊牛栏要经常打扫,勤换垫草,保持干燥卫生。每天要坚持刷拭牛体1~2次,清除牛体粪便污垢,建立人牛亲密关系。严格执行防疫、检疫和其他兽医卫生制度,奶具使用后要清洗和消毒,犊牛舍(栏)和饲槽定期刷洗消毒。

(4)科学饲喂 犊牛出生后尽早吃上初乳,并在7日龄时自由采食优质干草,15日龄时给予易消化、适口性好的精料,使瘤胃得到锻炼。3月龄开始饲喂优质玉米青贮,而留种用的公牛不喂。青贮喂量由少到多,1岁母牛可喂到1千克左右。

53. 犊牛的早期断奶如何进行?

实施早期断奶,可以减少犊牛喂奶量,增加牛奶的上市量,降低成本,增加收入。可强制犊牛早期采食固态饲料,刺激瘤胃快速发育，锻炼犊牛对饲草的消化能力，提高犊牛的健康水平。

犊牛 45 日龄以上，日增重达 500 克，当精饲料采食量达到 1 千克以上时方可进行早期断奶。

刚断奶犊牛的瘤胃正处于快速发育阶段，但尚未发育成熟。此时应饲喂那些容易消化的高能量、高蛋白质、营养全面的全价配合精料与优质粗饲料。如膨化或压扁的谷物饲料，豆粕、鱼粉、发酵血粉等。同时适量饲喂甜菜渣、啤酒糟或块根饲料效果也很好。

54. 育成母牛的饲养有哪些要求？

育成母牛的饲养以粗饲料为主，适当补充精料，以培育耐粗性能，增进瘤胃容积和功能。同时对个体的生长发育、生产性能及适时配种都十分有利。

6～12 月龄，是生长发育最快时期，其性器官和第二性征发育很快，体躯高度和长度急剧增长，同时前胃已较为发达，这时既需要有足够的营养物质，饲料又必需具有一定容积，以增进瘤胃功能和获得较高增重。每天饲喂 2～3 次，干草 5～6 千克(注意粗饲料质量，营养价值低的秸秆不应超过粗饲料总量的 30%)，精饲料 2～3 千克，适量青贮和多汁饲料，骨粉或贝壳粉及食盐各 25 克。运动场内放置盐砖供自由舔食。

12～18 月龄，育成牛的消化器官更加扩大，只要喂给足量的青粗饲料(其比例约占日粮总量的 75%)，少量补给精饲料，就可满足能量和蛋白质的需要。每天饲喂 2～3 次，喂给 8～9 千克干草(注意粗饲料质量，营养价值低的秸秆不应超过粗饲料总量的 30%)，15 千克青贮，再补 1～2 千克精料，骨粉或贝壳粉、食盐各 25 克。运动场内放置盐砖供自由舔食。

育成母牛应根据年龄和体重情况进行分群，这样便于饲喂和管理。舍饲条件下，育成牛每天应放进运动场内自由运动。育成母牛每天应刷拭牛体1～2次，每次5～10分钟，以保持牛体清洁，促进皮肤代谢并养成温驯的气质。

55. 奶牛初配时间怎样把握？

奶牛的性成熟的年龄一般在8～12月龄。但性成熟后的奶牛不能马上配种，因它自身尚处在生长发育中，此时配种不仅影响奶牛自身的生长发育和以后生产性能的发挥，而且还影响到犊牛的健康成长，要等体重达成年体重的60%～70%方可配种。

奶牛的性成熟和体成熟，一方面取决于年龄，同时与品种、饲养管理、气候条件、性别、个体发育情况有关，一般小型品种早于大型品种，饲养管理条件好的早于差的；气候温暖地区早于寒冷地区，所以对于奶牛的初配时间要灵活掌握。奶牛的初配年龄，一般在14～18月龄（最早不应早于14月龄），体重在350千克以上为好。配种也不能过迟，过迟往往造成以后配种困难，影响产量。

记录每头育成牛的初情期，对长期不发情的牛，要请人工授精员和兽医检查。

56. 初妊母牛饲养管理有哪些注意事项？

初妊母牛的营养有自身生长发育的需要和胎儿生长的需要，因此必须注意蛋白质、能量的供给，防止营养不足。过瘦则骨盆发育不良，易引起难产。初妊母牛日粮营养不能过高，应以优质粗饲料为主，精饲料日喂量2～3千克。在分娩前2～3个月，由于此时胎儿迅速增大，同时乳腺快速发育，准备泌乳，需要加强营养。这时应转入成年母牛群，并按成年母牛干奶期的营养水平进行饲养，精饲料日喂量3.5～4千克，同时应补喂维生素A和钙、磷等。

初妊小母牛在分娩前2～3个月开始按摩乳房，每天应按摩2次，分娩前15天左右乳房肿胀较大时停止按摩。在按摩乳房时注意不要擦拭乳头。特别是不要将乳头表面的蜡状保护层擦去，否则将引起乳头龟裂甚至是乳房炎。春、秋两季进行一次检蹄、修蹄。

57. 如何搞好奶牛的围产期管理？

奶牛围产期是指奶牛分娩前后的1个月时间，它包括妊娠后期（围产前期）和泌乳初期（围产后期）。由于奶牛在这一阶段生理方面发生了较大变化，抵抗力下降，稍有不慎极易患病，甚至会影响到整个泌乳期的产奶量。加强围产期的饲养管理，对于维护母、子健康与产奶极为重要。因此应注意以下几点：

(1)限量补钙　对分娩前15天的奶牛，要实行低钙日粮饲养，不喂苜蓿干草和含钙高的饲料。使奶牛日粮中钙质含量减至平时饲喂量的30%～50%，这种饲养方法可使奶牛骨骼中的钙质向血液转移，能有效地防止奶牛产后瘫痪的发生。

(2)保持精粗饲料平衡　注意精饲料和粗饲料合理搭配，做到精粗平衡。奶牛不要饲喂过饱，以免在奶牛分娩后的前几天患酮尿病。这一阶段精饲料的最大日喂量不可超过奶牛体重的1%。

(3)少喂食盐和青贮，适当运动　奶牛产前15天左右，要减少奶牛的食盐和青贮饲喂量，并适当增加奶牛运动量，这样可以有效地减少奶牛产后乳房水肿的发生。

(4)掌握挤奶数量 奶牛产后第一天，挤奶量应为日产奶量的30%，产后第二天起，逐步增加奶牛的挤奶量，第四至第五天奶牛的泌乳和消化功能恢复正常后，恢复正常挤奶。这样，可以有效地防止奶牛乳热症的发生，提高奶牛的泌乳质量和产量。

(5)产后管理 为了促进奶牛产后恶露的排出，产后应立即喂饮5～8升益母水（用1 000克益母草熬制而成），加入250克红糖效果更好。产后以优质干草为主，少喂或不喂精料。3～5天奶牛消化系统恢复后逐渐加料，此时喂泌乳牛料。

58. 影响奶牛产奶量的主要因素有哪些？

影响奶牛产奶性能的因素较多，归纳起来可分为九大因素。

(1)品种 奶牛品种不同，其产奶量均有较大差异，少的只有500～600千克，多的可达20 000千克以上。目前世界公认的高产奶牛，应首选荷斯坦牛。

(2)体格 同一品种、年龄的奶牛，一般而言，体格大的牛，消化器官容积相对也较大，采食量多，因而，产奶量相对比较高，即体格与产奶量呈正相关趋势。但过大的体重，并不一定产奶多；而且奶牛体重大，维持代谢需要也多，经济上不一定合算。根据国内外经验，荷斯坦牛体重以650～700千克较为适宜。

(3)年龄与胎次 年龄与胎次对产奶量的影响甚大。奶牛产奶量随着年龄和胎次的增加而发生规律性的变化。青年母牛，由于自身还在生长发育，尤其乳腺发育还不充分，因此，头胎青年母牛产奶量较低，仅相当于成年母牛的70%～

80%；而7～8胎以后的母牛，随着机体逐渐衰老，产奶量也逐渐下降。中国荷斯坦牛5～6胎产奶量最高。

(4)初次产犊年龄与产犊间隔 第一次产犊年龄不仅影响当次产奶量，而且影响终生产奶量。初产年龄过早，除影响乳腺组织发育及产奶量外，也不利于牛体健康；相反，初产年龄过晚，则缩短了饲养期间的经济利用期，减少了产犊次数，并影响终生产奶量。初次产犊适宜的年龄应根据品种特性和当地饲料条件而定。一般情况下，育成母牛体重达成年母牛的70%时，即可配种。中国荷斯坦牛在合理的饲养条件下，13～16月龄体重达360千克（北方为380千克）以上进行配种，第一次产犊年龄为22～25月龄。产犊间隔指连续2次产犊的间隔天数。最理想的产犊间隔是365天，即每年产奶305天，干奶60天，1年1胎。

(5)泌乳期 奶牛在泌乳期中产奶量多呈规律性变化。一般母牛分娩后产奶量逐渐上升，低产牛在产后20～30天，高产牛在产后40～50天产奶量达高峰。高峰期有长有短，一般维持20～60天后便开始逐渐下降，下降的幅度依母牛的体况、饲养水平、妊娠期、品种及生产性能而异，高产牛一般每月下降幅度为4%～6%，低产牛为9%～10%。刚开始下降速度比较缓慢，但到了妊娠5个月后，由于胎儿的发育迅速，胎盘激素和黄体激素分泌加强，抑制了脑垂体分泌催乳素，因此产奶量迅速下降。

(6)疾病 奶牛患病后，生理状况异常，首先产奶量下降，奶的成分发生变化。如：患乳腺炎时，乳糖、酪蛋白、钾以及非脂固形物含量降低，而钠、氯、乳清蛋白含量增加。乳成分的变化幅度与患病轻重和患病时间以及奶牛的体质、泌乳期的不同阶段有关。

(7)饲养与管理　根据遗传学家研究，产奶量的遗传力为0.25～0.3，而70%～75%是受环境影响，特别是饲料和饲养管理条件的影响。实践证明，在良好的饲养管理条件下，奶牛全年的产奶量可提高20%～60%，甚至更多。在饲养管理中，影响最大的是日粮的营养水平、饲料的种类与品质、贮藏加工以及饲喂技术等。营养不足，将严重影响产奶量，并缩短泌乳期。管理条件也十分重要，炎热、潮湿条件会破坏奶牛机体的代谢过程，产奶量也随之大幅度下降。此外，加强奶牛运动、充足饮水，均能促进新陈代谢，增强体质，有利于提高产奶量。同时，牛奶成分含量也与饲养管理条件密切相关。如日粮中精料多，粗料不足，瘤胃发酵丙酸增加，乙酸减少，导致乳脂率下降；反之，提高粗料比例，降低日粮能量水平，将影响乳蛋白含量。

(8)挤奶技术　挤奶是奶牛饲养的一项很重要的技术工作。正确熟练掌握挤奶技术，能够充分发挥奶牛的产奶潜力，防止乳腺炎的发生。挤奶分手工挤奶和机械挤奶两种。产后母牛宜手工挤奶，7天后适于机械挤奶。挤奶操作要规范，时间、次数要固定。

(9)产犊季节和外界气温　奶牛比较适宜的气温为10℃～16℃，当气温达26.7℃时奶牛呼吸、脉搏次数增加，采食量减少，进而产奶量下降，特别是高产牛和泌乳盛期牛，尤为敏感。为了保持牛体健康，提高产奶量，夏季对奶牛必须采取防暑降温措施，并调整产犊季节，奶牛产犊尽量避开6～8月份酷暑季节。

59. 泌乳初期如何饲养管理？

泌乳初期指母牛产后10～15天，也是围产后期也叫身体恢复期。这一阶段母牛的食欲尚未恢复正常，消化功能弱；乳房水肿，乳房及循环系统功能还不正常；生殖器官也正在恢复。产奶量上升得很快，进食的营养物质不能满足产奶的需要，处于营养负平衡，开始动用体内贮存脂肪。这一阶段的饲养原则是：在加强产后乳房护理和卫生管理的基础上，根据母牛的食欲状况及早补料，在促进产奶量上升的同时尽量减少体贮的动用，从而达到高产、稳产的目的。

产后可喂给温热的麸皮盐水汤，并任其自由采食优质干草或青干草。对乳房加强热敷、按摩、挤奶。保持牛体、乳房和牛舍的卫生。一般产后 2～3 天后母牛的食欲已经有所恢复，可根据食欲、乳房状况每天增加 0.5～1 千克精料，至产后第七天达到泌乳牛日粮给料标准。在加料的过程中要注意牛的食欲、反刍、粪便和乳房状况。只要母牛食欲旺盛，反刍和粪便正常，乳房逐渐消肿，就可继续增加精料。高产奶牛在产犊的头 4 天，不要将乳房的奶全部挤净，一般第一天挤5～6 千克，第二天挤全天乳量的 1/3，第三天挤 1/2，第四天挤 3/4 或挤完。每次挤奶时，要按摩或热敷乳房，并注意产后 1 周内不要用机器挤奶。日粮干物质采食量应占体重的2.5%～3%，日粮每千克干物质中应含有 2 个奶牛能量单位、14%的粗蛋白质、20%的粗纤维，精粗比为 40：60，钙 0.6%，磷 0.3%。分娩 1～3 天精料喂量可达 4 千克，全株玉米青贮或青饲 10～15 千克。

60. 泌乳高峰期如何饲养管理?

这一阶段母牛泌乳倾向较强，与泌乳有关的激素如甲状腺素、催乳素和生长激素分泌均衡。母牛的产奶量迅速达到产奶高峰并维持一段时间。母牛产后 30～50 天达到产奶高峰。此阶段的产奶量占全期产奶量的40%～45%，是发挥奶牛生产潜力、获取高产的重要阶段。

此阶段饲喂重点是减少体况损失，延长泌乳高峰期。产奶高峰一般出现在母牛产后4～6周，而采食高峰在产后8～10周，从而引起泌乳初期和盛期出现能量负平衡，母牛动员体储产奶，体重损失较大。因此泌乳高峰期饲喂应做到：

(1)增加饲料的能量浓度 在饲料中添加富含脂肪的棉籽、大豆和向日葵等。使用全棉籽喂量不超过2千克；大豆最好经过膨化，喂量0.5千克；向日葵因粗纤维含量高，应控制用量。

(2)增加饲喂次数 高产奶牛每天至少应保持6～8个小时的采食时间，在生产中应做到分群饲养、定时定量、少给勤添。为保证高产奶牛足够的采食量，可在运动场设补饲槽。

(3)提高日粮中过瘤胃蛋白质的含量 瘤胃微生物蛋白质不能满足高产奶牛的营养需要，使用天然的瘤胃降解率较低的蛋白质饲料，提高蛋白质的利用效率。日粮干物质采食量由占体重的2.5%～3%增加到3.5%，日粮每千克干物质应含有2.4个奶牛能量单位，16%～18%的粗蛋白质、15%的粗纤维，精粗比为60∶40、钙0.7%、磷0.45%。

(4)采用“引导”饲养法 从母牛产前15天开始，在原来每天精料给量的基础上(1.8千克)每天增喂0.45千克的精饲料，直至每100千克体重吃到1～1.5千克的精料为止。产后每天继续增加0.45千克精饲料。原则是多产奶，多喂料，适当粗料，多喂精料。达到泌乳高峰期后精饲料的喂量固定下来，到泌乳高峰期过后再进行调整。

精料给量标准：日产奶20千克给料7～8.5千克，日产奶30千克给料8.5～10千克，日产奶40千克给料10～12千克。青贮、青饲 20～25 千克，干草 4～6 千克，糟渣类饲料 10 千克，多汁饲料 3～5 千克，精粗比 60∶40～65∶35。

61. 泌乳中期如何饲养管理？

泌乳中期母牛的产奶量逐渐下降，月下降幅度为 5%～7%。母牛体况自 20 周开始恢复，日增重约为 0.5 千克。饲养上要根据母牛的产奶量和体况调整精料喂量，使产奶量缓慢下降又不至把牛喂得过肥。给予充足的干草和青贮饲料，每两周根据产奶量和膘情调整一次精料喂量。

日粮干物质采食量应占体重的 3%～3.2%，每千克日粮干物质应含有 2.13 个奶牛能量单位，13%的粗蛋白质、17%的粗纤维，精粗比为 40∶60、钙 0.45%、磷 0.45%。

精料给量：日产奶 15 千克给 6～7 千克，日产奶 20 千克给料 6.5～7.5 千克，日产奶 30 千克给料 7～8 千克。青贮、青饲 15～20 千克，青干草 5 千克以上，糟渣类饲料 10～12 千克，多汁饲料 5 千克。

62. 泌乳后期如何饲养管理？

母牛到了妊娠后期，胎儿发育很快。泌乳量急剧下降。这一阶段应以优质粗饲料为主，多喂干草和青贮料。一般以每产 3.5 千克奶喂 1 千克精料，精料除根据产奶量变化而定外，还应增加相当于 5～6 千克产奶量的精料，以确保胎儿的生长发育需要。日粮营养供给要求低能量、低蛋白质、低钙磷。

精料喂量 6～7 千克，青贮、青饲不低于 20 千克，干草4～5 千克，糟渣类、多汁饲料不超过 20 千克。

63. 提高奶牛产奶量的饲养方法有哪些？

饲养奶牛的收入，主要来源于成年奶牛的产奶量。充分发挥奶牛产奶遗传潜力，获得较高的产奶量，是当前牛业亟待解决的问题。这里介绍几种方法供饲养户参考：

(1)引导饲养法 用较少的粗饲料和较多的精饲料合理地强化泌乳奶牛的日粮，在适当的泌乳时期，用于合适的奶牛，提高奶牛的产奶量。具体作法是从奶牛干乳期的最后2周开始，即产犊前10～15天开始，每天喂给1～1.8千克精料的基础上，以后每天增加0.5千克，直到奶牛采食精饲料的数量达到体重的1%(4～6千克)为止。这种饲养法能使奶牛的瘤胃微生物在分娩前较早地适应高精料的瘤胃环境，诱导母牛多吃精料，可使母牛产犊前在体内贮备足够的营养物质，以便在产犊后，产奶高峰期提供丰富的能量和蛋白质。

(2)挑战饲养法 具体作法是干乳期前6周(45天)基本上喂给优质的粗料(主要是青干草)，并少喂精料。后2周开始每天增喂精料0.5千克，直到占体重的1%～1.2%为止(最多不超过5～6千克)。产犊后至第二周为止继续按每天0.5千克精料增加，2周以后让牛自由采食，但最高的精料日喂量不能超过15千克。在饲喂上一定要将精粗料混合拌匀，不要单独喂精料。

(3)高产奶牛阶段饲养法 阶段饲养法，将奶牛一个泌乳期划分成若干泌乳阶段，并根据高产牛各阶段的生理特点，给予不同的营养成分，充分发挥其产奶遗传潜力，获得高产。同时经济地利用各种饲料，达到最大限度地提高经济效益的目的。

64. 提高和保持奶牛产奶量应当采取哪些饲喂措施？

(1)定时定量、少给勤添 奶牛由于长时间的条件反射作用，在饲喂之前消化腺就开始分泌，但是过早或过晚的饲喂会打乱牛消化腺的活动，影响饲料的消化和吸收；少给勤添可以保持牛瘤胃内环境的恒定，使食糜均匀地通过消化道，因此可以提高饲料的利用率和消化率。

(2)更换饲料、逐步进行 奶牛瘤胃内的微生物区系形成需要20～30天的时间，一旦打乱就很难恢复，所以更换饲料时必须要逐步进行。饲料更换，包括饲料类型和饲料原料的更换，一般过渡时间应在10天以上。

(3)供给奶牛充足的粗饲料 在运动场周围设置粗饲料食槽，让奶牛随意采食粗饲料，有助于提高产量和乳脂率。采用TMR时，日粮粗纤维含量不低于13%。

(4)对饲料进行筛选，防止异物混入 饲喂奶牛的精、粗饲料要用带有磁铁的清洗器筛选，除去其中的铁丝、铁钉等异物，避免对网胃及心包造成创伤。

(5)合理安排饲喂次数和顺序 在牛的饲喂顺序上一般采用“先粗后精、先干后湿、先喂后饮”的方法；奶牛饲喂次数一般应与挤奶次数一致，对产奶量较高的奶牛每天进行3次饲喂。

(6)提供充足饮水 水对奶牛十分重要，一般日产乳50千克以上的奶牛，每天需要饮水100～150升。奶牛每昼夜进行反刍的唾液会达到150升左右，所以如果饮水不足必然会影响奶牛的产奶量。有些养殖户以为对牛进行限量供水可以提高牛奶的乳脂率，这种做法是非常错误的。在冬季要供给牛温水，水温建议在12℃以上较好。

65. 哪些饲料添加剂有助于提高奶牛产奶量?

饲料添加剂不是提高奶牛产量的最有效方法,但在饲料营养不平衡或奶牛代谢不平衡时使用,对恢复和保持奶牛生产性能有一定意义。

(1)添喂脂肪酸钙 国内外试验表明,在饲料中添加脂肪酸钙,可提高奶牛的产奶量。日本某牛场试验:在与对照组相同的饲料中添入2.2%的脂肪酸钙,其他饲养条件完全相同。试验的时间为1组泌乳期105天。对试验组的结果是:添加脂肪酸钙可提高奶牛血液中的中性脂肪和磷脂质成分,平均每头奶牛日产奶量比对照组增加7.5千克。可以确认,脂肪酸钙是经济效益比较理想的奶牛增奶添加剂。对高产奶牛添喂脂肪酸钙可以减轻营养负平衡和热应激反应。

(2)添喂磷石膏 磷石膏除含有丰富的硫、钙外,还含有一定量的钾、钠、铁、钡、锶等。在奶牛基础日粮中每天每头加15克磷石膏,产奶量增加17%,乳脂率提高10.5%。

(3)添喂小苏打 美国科研人员,在奶牛泌乳期给每头奶牛每天加饲150克小苏打,结果避免了酸中毒,采食量增加,饲料利用率提高,机体免疫功能增强,热应激现象改善,瘤胃中乙酸盐增多抑制丙酸盐的合成,故产奶高峰期提前,产奶量提高30%左右,乳脂率增加8.4%。对产后不发情的奶牛,每头每日用100克小苏打拌料连喂5天,发情率明显提高。

(4)添喂磷酸脲 磷酸脲是公认的反刍动物促长剂,在奶牛精料中加入1.4%的磷酸脲喂泌乳期奶牛,可使奶牛产量提高8%~10%,同时增重5%~10%。降低饲料消耗3%~5%,提高综合产奶经济效益14%。

(5)喂海藻粉 挪威在泌乳奶牛饲料中加入4%的海藻

粉,饲喂后产奶量提高6.8%,奶中含碘量由0.1毫克/升增加到0.6毫克/升,可防治奶牛缺碘症,使乳房疾病的发病率降低90%以上。

(6)喂甜高粱 甜高粱营养丰富,蛋白质、脂肪、无氮浸出物和粗灰粉含量均比玉米高,粗纤维比玉米低。据试验:饲喂甜高粱的奶牛比喂玉米的奶牛,每头每天平均产奶量高出0.8~1.7千克,乳脂率提高3%~6%。

(7)喂鲜啤酒糟和小苏打 给泌乳期奶牛,每头每天喂饲10千克鲜啤酒糟和100克小苏打后,其产奶量提高6.8%,乳脂率增加0.1%,月增加体重1千克以上,饲料报酬提高6.2%,经济效益增加9.2%。

(8)添喂食盐 奶牛在泌乳期,体内氯离子的需求量比平时要多。如果奶牛的日粮中摄取的氯离子不足,就会导致体内新陈代谢紊乱,使生理机能失去平衡。生产中为了保障奶牛健康,在饲料中添加1.8%~2.4%的食盐,能满足奶牛机体氯离子的需要。据试验,添饲食盐的奶牛产乳量较对照组提高10%以上。

66. 如何搞好奶牛乳房保健?

(1)临产期热敷乳房 奶牛临产期,乳房开始膨大时,每天用毛巾蘸热清水对乳房进行一次热敷擦洗,可增加乳腺血液循环,净化乳房皮肤,增强免疫力,起到没病先防、减少乳房疾病的发生。

(2)注意乳房清洁卫生,加强乳房护理 泌乳期奶牛乳房肿胀,极易感染疾病。应常用温肥皂水擦洗乳房,保持乳房皮肤清洁柔韧。圈舍要勤出积粪,勤换垫料,并经常打扫,防止牛卧在泥污和粪尿上。乳房要戴乳罩,防止放牧时异物致伤。夏、秋季蚊蝇孳生，应常用0.1%高锰酸钾水溶液擦洗乳房，以防乳房炎及蚊虫叮咬引起感染。乳房有损伤时，暂停哺乳或机械挤奶3～4天，将乳汁用手挤出后喂牛犊，患处贴创可贴或涂愈伤灵软膏。

(3)及时防治乳房输乳管栓塞 奶牛临产期，乳房乳汁聚集时间长，到产时淤滞结块，会造成输乳管栓塞，如不及时按摩消栓，通乳散结，牛易得乳房炎。奶牛产后，如摸到乳房内有结块，应及时热敷患部，随即用手不停地揉捏按摩乳房，边揉边挤乳房的淤汁，直至结块消失。

(4)夏季防暑，严冬防冻 每逢炎热高温季节，奶牛常因自身散热功能差，受热应激的影响，导致体温升高，呼吸加快，易患乳房炎等疾病。应及时给牛舍修建宽敞、隔热、通风的凉棚，舍内多放些凉水盆，常洒凉水降温，保持圈舍通风凉爽。夏季提供充足清洁的饮水，并加入0.1%高锰酸钾，消毒防腐。充足的饮水能消解体热及乳腺代谢的毒素，并能降低乳汁的黏稠度，抑制乳栓形成。

乳头易受冻伤，在寒冷地区，为防止乳头被冻伤，可制作棉乳罩保护乳头。冬季防止乳头皲裂，可在挤奶后用1%甘油水溶液涂抹乳头。

(5)经常检查乳房的健康状况 发现乳房有结块，应及时辨证施治。触诊乳房皮肤不增温，乳色无异常，可热敷，用40℃热水将毛巾蘸湿，上面撒硫酸镁粉。每3分钟热敷1次，连敷3～6次。若乳房红肿热痛，乳液呈现脓汁，切忌热敷（热敷会加重炎症、疼痛，促进脓肿形成），此时应外敷鱼石脂软膏，清热消炎，防腐消肿，减轻乳房红肿热痛的炎性症状。待乳房结块变软后，随即用手由下而上反复地揉捏按摩结块处，边揉边挤出聚集的淤汁，直至结块消失。对很难挤出的乳房淤汁，可注射“垂体后叶素”10 万单位，以促使乳房炎性分泌物的排出。

67. 如何减轻和缓解奶牛热应激反应？

由于高温、高湿导致奶牛生理、健康上的一系列不适应的反应和生产性能等方面的不良影响称为热应激。热应激可使奶牛采食量减少，体温升高，呼吸加快，对营养物质的吸收和利用降低，机体内分泌功能紊乱，泌乳减少，产奶量明显下降；延长母牛发情周期，缩短发情时间，造成母牛受胎率下降和出现死胎；奶牛抵抗力降低，病原菌易生长繁殖，导致乳房炎、子宫内膜炎、胎衣不下等产科疾病，且发病率升高。

奶牛是耐寒怕热的家畜，其适宜温度为 10℃～20℃，当环境温度超过 25℃时会影响产奶量。产奶量越高的牛受影响越大，而且还会导致以后泌乳期产奶量下降，下降幅度每头每天 2～5 千克，甚至可高达 10 千克以上。温度 32℃以上时，乳蛋白率、乳糖率降低，还会造成情期受胎率和初生犊牛体重下降。

一头日产奶 30 千克的奶牛，其产生的热量几乎相当于 1.4 千瓦的电热器，如果这些热量不能顺利散发的话，就会造成体热蓄积、呼吸加快、体温上升，最后发生热射病。奶牛热应激会引起中暑，临床症状为：精神沉郁，四肢无力，步态不稳，突然倒地，全身震颤，口吐白沫，唇色发红，心跳加快，体温升高至 41℃～43℃，全身出汗。有的表现兴奋，狂暴不安；也有的全身麻痹，皮肤、角膜、肛门反射减退或消失，常常发生剧烈的痉挛，严重的 1～2 小时内死亡。奶牛通过减少采食来减少热量的产生，从而达到产热和散热的平衡。这种平衡的结果，使产奶量减少，这是奶牛的一种自我保护。在生产中为达到高产奶量的目标常采取以下措施。

(1)牛舍通风降温　在运动场搭设凉棚是防暑降温的好措施。牛舍内安装风扇进行通风换气，天气炎热时可定时给牛体淋水降温。

(2)调整日粮配方　适当调整配方，增加适口性，提高采食量，对缓解热应激有一定的效果。在日粮中加入 4%～5% 的脂肪既可增加能量，又可缓解热应激。给泌乳初期牛日粮中添加 200 克脂肪酸钙，可使热应激的奶牛呼吸和脉搏数降低，提高产奶量。适当增加日粮中维生素含量，如将维生素 A 从 5 万单位提高到 15 万单位以及增加烟酸含量均可提高产奶量。在炎热夏季，适量提高日粮中钾、钠、镁含量，可使日产奶量增加 1 千克左右。

(3)应用抗热应激药物　见下题。

68. 哪些添加剂可以缓解奶牛热应激反应?

炎热天气下，通过物理降温措施来减轻奶牛热应激反应，其效果是有限的。日粮中加入某些药物添加剂，可以缓解热应激对奶牛的不良影响，稳定夏、秋季节的产奶量。

(1)双乙酸钠　双乙酸钠在瘤胃中分解为乙酸钠。乙酸钠是反刍动物重要的能量供给物，可通过能量的补给改善甲状腺功能，提供乳汁合成前体，对炎热环境下奶牛产奶性能的影响具有双重作用，既参与机体代谢的调节，又有利于机体水盐代谢的平衡。夏季高温条件下奶牛日粮中每头添加 30 克双乙酸钠，可使产奶量及乳脂率明显增加。

(2)脂肪酸钙　在奶牛日粮中添加保护性脂肪，既能增加能量摄入量，又可以把热应激减少到较低限度。因为保护性脂肪不参与瘤胃发酵，不会成为体温升高的直接热源。据报道，炎热夏季在奶牛日粮中添加脂肪酸钙，对奶牛的热应激有一定的抵抗作用，使呼吸频率和脉搏次数下降，血糖浓度升高，产奶量明显升高。在奶牛日粮中脂肪酸钙的添加量为200克/头。

(3)氯化钾 炎热气候条件下，奶牛皮肤蒸发量和饮水量、排尿量均增加，从而增加了体内电解质的排出，导致血浆钾离子水平下降。因此，提高高温季节奶牛日粮中的钾离子水平以维持机体电解质的平衡，既有利于健康，又能提高产奶量。夏季氯化钾日添加量60～180克，均匀拌于混合精料中饲喂。

(4)有机铬 铬是一种微量元素，影响奶牛糖类、脂类和核酸的代谢。高温时奶牛尿铬排泄增加，血清中皮质醇浓度升高，引起一系列热应激反应。补充有机铬可以降低奶牛血清中皮质醇浓度，提高奶牛抗热应激能力。在基础日粮中酵母铬添加量为0.3毫克/千克。

(5)复合酶制剂 复合酶制剂主要由蛋白酶、淀粉酶、纤维素酶和果胶酶系等组成，添加到奶牛日粮中，可提高奶牛饲料消化利用率，提高产奶量，降低热应激反应，并有良好的保健作用。添加粉状酶制剂50克，分3次与精料混合均匀后投喂。

(6)酵母培养物 酵母培养物能改变瘤胃发酵方式，降低瘤胃氨浓度，提高微生物蛋白产量和饲料消化率。在热应激状态下，日粮中添加酵母培养物能降低奶牛的直肠温度，因此与减少奶牛的热应激有关。7～8月份在奶牛饲料中添加酵母培养物60～80克。

(7)瘤胃素 瘤胃素又称莫能菌素，属聚醚类抗生素，可提高饲料消化率10%左右；尤其在含粗饲料的日粮中应用效果更佳，还能防止酸中毒，广泛应用于肉牛育肥牛，近年来奶牛饲养业中也开始应用。在热应激条件下，日粮中可添加20毫克/千克。

(8)中草药 一些具有清热解毒、凉血解暑作用的中草药，兼有药物和营养物质的双重作用，能够全面协调生理功能，减轻热应激造成的功能紊乱。

69. 如何搞好高产奶牛冬季饲养管理？

冬季寒冷而漫长，又是枯草季节。奶牛的采食量、产奶量和体重都有下降。奶牛如何越冬，便成为一个突出问题。现将冬季奶牛的饲养管理措施介绍如下：

(1)科学喂料 冬季为了御寒，应提高10%～20%奶牛日粮能量水平，其他营养物质须平衡，饲喂优质全株玉米青贮。饲料不能冰凉，可将豆饼等制成热粥料饲喂，粉料应拌成湿料。

(2)采取保暖御寒措施 牛舍最适宜温度是16℃～20℃，奶牛若长期处于低温环境中，会大量散失热量，抵抗力降低，容易患病。因此入冬前要修理好门窗，圈内铺厚褥草，没有条件可铺干土，防止冻坏乳房。要做到牛舍、饲料、饮水"三暖"。冬季成年牛舍温度要保持在6℃以上，风口处搭建挡风墙。在寒冷地区为防止乳头受冻，可制做棉乳罩，用绳绕牛体一周固定好，有很好的保暖作用。

(3)增加光照 冬季增加人工光照，可以大大提高奶牛催乳激素的分泌，增加产奶量。美国研究人员采用白色荧光灯照明的方法，使白昼和黑夜按16小时和8小时的比例循环，增加光照，在照射2～6周内，奶牛产奶量即可提高。春、秋、冬三季，每头奶牛日产奶量可提高10%。

(4)供足温水 冬季奶牛多采食干草，若不能充分饮水，奶牛食欲就会下降。奶牛每采食1千克干物质需水5升。因此奶牛冬季饮水次数不能低于夏季。要求每天早、中、晚各饮水1次。饮水温度应接近奶牛体温，不能低于9℃～15℃，严禁让奶牛饮用冰碴水。

(5)坚持适当舍外运动 冬季奶牛食欲旺盛，容易过肥，这对奶牛体质和产奶都不利，很容易招致酮尿病。在中午天暖时，把牛群赶入运动场自由活动，也可做驱赶运动1小时，既能增强牛的抗病力，又能加强牛的御寒能力。但要注意安全，防止滑跌，防止感冒。

(6)刷拭牛体 冬季寒冷，牛表皮血管收缩。经常刷拭牛体，可促进血液循环，对提高奶牛产奶量有明显效果。

70. 奶牛干奶方法有哪些？

干奶一般在产奶10个月末或预产期前2个月左右进行。干奶期以45～60天为宜。体弱及老龄母牛，初胎或早配母牛，高产母牛以及体况较差的母牛，可安排较长的干奶期60～75天。体质强壮、产奶量低、营养状况较好的母牛干奶期可短至30～45天。

(1)逐渐干乳法 在计划干奶前10～20天开始变更饲料，减少青草、青贮块茎多汁饲料，限制饮水，停止运动和放牧，停止乳房按摩，改变挤奶次数和挤奶时间，由3次挤奶逐渐改为2次和1次，以后隔日或隔2～3天挤1次奶。每次必须将奶挤净，当产奶量降到4～5千克时停止挤奶。

(2)快速干奶法 计划干奶时即开始停喂糟渣类辅料、块根块茎及青绿多汁饲料，控制饮水，加强运动。适当减少或不减少配合料的喂量，逐步减少每天的挤奶次数，打乱挤奶的顺序，停止乳房按摩。使实际日产奶量每天有较大幅度下降，经4～7天，日产奶量接近8～10千克时停止挤奶。最后一次挤奶要充分按摩、挤净。用杀菌液蘸洗乳头，再注入干奶软膏。并对乳头表面进行消毒。待完全干奶后用火棉胶涂抹乳头附近。

(3)骤然干奶法 乳牛业发达国家普遍使用此法。根据预产期确定干奶日期后，在正常挤奶之后，充分按摩乳房，将奶挤净，在各乳头口注入干奶软膏5克，停止挤奶。少数日产奶量仍很高的牛，在停挤2～3天后再挤净奶，乳头中注干奶软膏。在停奶当天开始减喂糟渣、根茎类饲料和精饲料，4～5天减到干奶期的喂量。经7～10天后干奶。此法简单，对奶牛无不良作用，是目前最简单的干奶方法。

71. 奶牛干奶期的饲养管理有哪些要点？

提供低钙日粮，控制豆科植物（如苜蓿草）的摄入量，并保持钙磷平衡，这样有利于促进奶牛对骨钙的利用和胃肠对钙磷的吸收，避免产后瘫痪。

控制精料喂量，增加粗料喂量，使精：粗≥40：60，这样有利于维护瘤胃功能。

控制干物质摄入量，使之不大于体重的2%（以600千克体重的荷斯坦奶牛计），这样有利于有效地控制干奶牛的体膘。

提供优质蛋白质以及丰富的维生素（如维生素E）、微量元素（如硒），以利于促进干奶牛修复机体的功能，增强抵抗力，降低乳房炎、胎衣不下的发病率。

干奶期奶牛每天要适当运动，防止牛相互挤撞。要经常观察牛的行为、食欲、运动、反刍、休息等情况。

产前2周左右干奶牛乳房开始发育，为使奶牛在产后能采食较多的精料并充分利用，产前2周左右起就要给奶牛慢慢增加精料饲喂量。但精料每次增加不应太多，可按每2～3天增加0.5千克，直至产犊前精料的总量达到5～7千克/头·日；对出现乳房水肿的奶牛应控制或减少精料的喂量。

72. 奶牛常规管理应注意事项是什么？

(1)分群管理，定位饲养 所谓分群管理，就是成母牛按泌乳阶段分别集中管理，后备母牛按月龄分别集中管理。所谓定位饲养，就是无论成母牛还是后备牛都要固定床位饲养。

(2)合理有序的工作日程 目的是让牛建立良好的产乳条件反射，促进产乳。饲喂要做到定时、定量、定序。挤乳人员固定，挤乳次数、时间固定，挤乳顺序固定。工作日程可按刷拭牛体、上料、按摩乳房、挤乳、牵至运动场、打扫卫生等有序进行。

(3)按营养需要配制日粮，固定饲喂程序，稳定饲料品种 饲料要清筛，防止异物。先粗后精，饲喂程序应该固定，不要随意变更。饲料品种要保持稳定，更换饲料时要有一周的过渡期。冬季饲料供给要比营养标准增加20%，以增加牛抗寒能力；夏季不喂发霉变质饲料，冬季不喂冰冻饲料。

(4)运动场内应设置补饲槽、水槽和盐槽 便于母牛下槽后能自由采食粗饲料和饮水。夏季注意保持水质清洁，冬饮12℃～16℃温水，不饮冰碴水。

(5)严冬注意保暖，酷暑注意降温 气温低于－15℃要采取防寒保暖措施，气温高于26℃，要采取防暑降温措施。有报道，当温度从25.9℃上升到28.6℃时，标准产乳下降25.4%，因此夏季要给牛舍安装电扇，给牛淋浴，打开门窗，加快空气流通等。冬季温度对牛影响虽小些，但舍温要保持在4℃以上，并防止穿堂风、贼风进入牛舍。

(6)稳定饲养人员，不要频繁变动 饲养人员要熟悉每头牛基本情况，要经常观察牛的精神状态和采食情况。

(7)保持牛舍内外及运动场清洁卫生 运动场粪便应及时清理，地面要做到夏季不积水，冬季不结冰。饲喂和挤奶用具要及时清洗干净，牛体应每天刷拭，经常保持牛体清洁。

七、挤奶及牛奶质量控制

73. 牛奶卫生指标具体有哪些规定？

主要是检验牛奶中重金属、农药、毒素及抗生素等的含量是否合格。其中包括汞、砷、铅、铬、硝酸盐、亚硝酸盐、黄曲霉素、抗生素、有机氯、有机磷农药。

牛奶的微生物指标是指每毫升牛奶中菌落数不得超过500 000个。

另外，不得在生鲜牛乳中掺入碱性物质、淀粉、食盐、蔗糖等非乳物质。

74. 合格鲜奶有哪些理化指标？

从感官上要求鲜奶呈乳白色或稍带微黄色；组织状态呈均匀的胶状液体，无沉淀，无凝块，无肉眼可见杂质和其他异物；具有新鲜牛奶固有的香味，没有其他异味。

理化指标：包括相对密度、脂肪、蛋白质、非脂固形物、酸度和杂质含量。

具体理化指标如下：牛奶的相对密度为1.028～1.032；乳脂肪不低于3.2%；蛋白质不低于3%；非脂固形物不低于8.3%；酸度不超过18°T；杂质每千克牛奶中不超过4毫克。

附：蒙牛乳业公司制订的鲜奶收购标准：

(1)感官标准

色泽：呈均匀一致的乳白色或乳黄色。

气味：具有新鲜牛奶固有的香味，无其他异味。

组织状态：呈均匀的液体，无沉淀、无凝块、无杂物、无异物。

(2)理化标准

①干物质 A. 每年1、11、12月份≥12.2%

B. 每年2、10月份≥12%

C. 每年3、4、9月份≥11.9%

D. 每年5、6、7、8月份≥11.86%

②酸度 ≤16°T

③75%酒精实验 呈阴性

④煮沸实验 呈阴性

⑤掺假实验 无

⑥温度(原奶进厂温度) ≤8℃

⑦体细胞数 ≤60万/毫升

(3)微生物标准 ≤50万/毫升。

(4)抗生素标准 呈阴性。

75. 挤奶前应做好哪些准备工作？

(1)奶牛保定 用绳将奶牛两后肢保定，以免伤人。对习惯挤奶的牛可不用捆，尾固定于一侧，以免污染牛奶。

(2)检查乳房 挤奶前观察和触摸乳房外表是否有红、肿、热、痛症状或创伤，有上述症状者应请兽医诊断，所挤牛奶另行处理。

(3)乳房的清洁与消毒 用约45℃温水加消毒剂充分地把乳房、乳头洗净。用温水洗乳房对牛是个良性刺激，使牛反射性引起乳腺泡周围的肌上皮细胞收缩，使乳房内压提高，便于挤奶，易于挤净。全部过程为1分钟。

擦干乳头，留心乳房上的脏水流入牛奶中，最好使用消毒的毛巾或一次性纸巾。擦干乳房的同时，水平方向按摩乳房20秒(每只乳房5秒钟)。

挤奶前把每个乳区的前三把奶挤入带黑色面网的杯子中，检查牛奶中是否有凝块、絮状物、血块和水样奶，可及时发现乳腺炎，防止乳房炎奶混入可用牛奶中。

(4)挤奶速度 手工挤奶速度为每分钟80～120次，必须在6～8分钟内挤完，因为牛受温水冲洗、按摩而产生的排乳反射仅能维持5分钟左右，超过后由于乳房内压下降，腺泡外周的肌上皮细胞不收缩而造成部分奶滞留腺泡中(大约每延误1分钟少挤约5%的奶，长期不挤净奶，则本期产奶量将相应地降低10%～20%)。当大部分牛乳被挤出后应再次按摩乳房，挤净最后一滴奶。

76. 手工挤奶有哪些基本要求?

奶牛进牛舍后必须冲洗、刷拭牛体，然后再饲喂、挤奶。

手工挤奶用压榨法，方法是用拇指和食指箍紧乳头基部，用中指、无名指、小指顺序压榨，使乳头乳区内压力增加，把牛奶挤出来。

挤奶前第一、第二把奶应丢弃，因为奶牛常趴卧地上，乳头表面及前端微生物很多，因此第一、第二把奶中微生物含量较高，必须弃掉。

挤奶时，如果牛排尿或排粪要及时避让。挤奶后应对奶牛乳头逐个进行药浴消毒。

挤奶顺序是先挤健康牛，再挤病牛。病牛的奶，尤其是患乳房炎病的牛奶应单独存放，另行处理。

盛奶用具使用前、后必须彻底清洗、消毒，防止孳生微生物。

77. 机器挤奶有哪些基本要求?

(1)检查挤奶器械状况并消毒 挤奶机在使用时应保持性能良好,送奶管和贮奶缸使用后应及时清洗、消毒,防止微生物的孳生。

(2)检查乳房 做挤奶前乳房检查和消毒、按摩处理,并逐一对每头牛每个乳区做乳房炎的检查,阳性牛改为手工挤奶。

(3)挤奶要求 机器挤奶同样要丢弃第一、第二把奶,在挤第一、第二把奶时将奶挤到手心,有经验的挤奶员一看就知道是否为乳房炎阳性奶;另外奶牛的第一、第二把奶细菌含量大,混入奶灌中容易使鲜奶污染,不利牛奶的储存和保鲜。机器挤奶真空度应在30.5(±1.3)cmHg,真空太高会使乳头开口处变硬,真空太低会降低挤奶速度,增加挤奶杯脱落次数。日常使用时,要保证润滑剂的供应。正常脉动频率,每分钟50～60次,每个节拍中挤奶时间占50%～60%,休息时间占40%～50%。

(4)消毒 挤奶后用消毒液喷淋乳头消毒,目的是杀死乳头表面的细菌。并用消毒液浸泡乳头各20秒左右。因为刚挤过奶的乳头孔要在1～2分钟内才能关闭,如果有细菌进入乳头内,很容易引起乳腺炎。挤奶结束后立即对挤奶器械消毒。

78. 如何保存鲜奶?

要想保证牛奶在加工前保持原有的新鲜、不变质、无异味,鲜奶的盛装、贮存、运输都非常重要。鲜奶应设单间存放,与牛舍隔离,以防异味,并且有防尘、防蝇、防鼠设施。鲜奶必须由过滤器或多层纱布过滤才能装入容器贮藏，2 小时内应冷却到 4℃以下可保存 24～36 小时。牛奶冷却方法有两种：水池冷却，水池与乳桶颈高度一致，容量为它的 4 倍，用地下水或冰水冷却，要不时搅拌；蛇形管冷却，不锈钢圆柱形奶罐，外包隔热物，内置蛇形管，管内通冷媒质冷却。

存奶容器应采用表面光滑的不锈钢桶和贮奶罐或由食品级塑料制成的容器。鲜奶必须使用密闭的、清洁的经消毒的奶罐车或桶装运。用奶罐车运往加工厂，从挤奶至用于加工前不超过 24 小时，奶温应保持 6℃以下。另外，所有的存奶和贮存容器使用后应及时清洗和消毒。

79. 牛奶的营养成分受哪些因素的影响？

(1)牛品种 不同品种的牛都有自己固有的遗传特性，所产奶的质量、产量和成分有较大差异。以乳脂为例，中国荷斯坦牛为 3.4%、草原红牛为 4%、新疆褐牛为 4.2%、西门塔尔牛为 4.1%。

(2)年龄和胎次 随着奶牛年龄和胎次的增长，牛奶质量有下降的趋势。以乳蛋白为例，1 胎牛为 3.36%、3 胎牛为 3.28%、5 胎牛为 3.26%。

(3)季节或自然月份 冬、春气温较低时牛奶浓度和乳脂率提高，而春、秋气温较高时牛奶浓度和乳脂率下降。例如，1、2 月份乳密度为 28.5～29.8 度，乳脂率为 3.48%～3.62%；5、6 月份则分别为 27～27.2 度和 3.15%～3.19%。

(4)奶牛的泌乳月或泌乳阶段 一头奶牛从产犊以后要连续产奶 10～12 个月，牛奶质量和营养成分也呈曲线变化。在泌乳开始时，牛奶的营养浓度很高，各种营养成分也很丰富，随着产奶量的增加，营养浓度稍有下降，到泌乳后期又有所提高。

(5)饲养管理条件 奶牛的日粮营养水平能满足其维持需要和产奶需要，牛奶质量就好；而营养水平低，饲草饲料供应不足，或者饲料搭配不合理，牛奶质量就差。

(6)挤奶技术和间隔时间 正确的挤奶方法可以保证牛奶的产量和质量。按照技术要求，挤奶前要用40℃～50℃的温水洗擦牛乳房，进行按摩，整个准备工作时间不应超过1分钟。如果延长准备工作时间，将会减慢排乳速度，降低产奶量和乳脂率。在机器挤奶完毕后，有的牛乳房中尚存少量牛奶，应该手工挤净。这一措施可使产奶量提高4%，乳脂率提高0.66%～0.68%。一天3次挤奶之间的间隔时间如果相等，则牛奶的质量基本相近；而间隔时间不等则会有较大差异。

(7)产奶量 同一品种的奶牛，产奶量越高，牛奶中的干物质和营养成分相对较低。如果挤奶间隔时间较长，虽然产奶量较高，但乳脂率则较低，而营养物质的绝对量却仍然较高，因此在奶牛生产中通常重视培育高产奶牛。在乳脂率很高的情况下(例如达4.31%以上)，乳密度有下降的趋势。

(8)奶牛的健康状况 奶牛患病影响所产牛奶的质量。例如，患乳房炎的牛，所产牛奶非脂固形物下降，其中钠、氯、非酪蛋白态氮、白细胞数等增加，钙、磷、镁、铁、乳糖、脂肪等下降。患轻度结核病的奶牛，其牛奶中蛋白质含量下降0.1个百分点。

80. 牛奶干物质低是怎么回事？

牛奶的干物质包括蛋白质、脂肪、碳水化合物和灰分。正常鲜奶干物质应大于11.2%。

虽然饲料蛋白质的供应水平与乳蛋白质的品质有着一定

关系，但牛奶干物质低主要是因能量水平不够，应该调整日粮能量浓度。值得注意的是牛奶干物质与乳脂率有负相关趋势，日粮粗纤维比例上升则干物质有下降趋势。对高产奶牛来说，在粗纤维量不能降低，蛋白质量增加到一定水平的基础上，应通过提高蛋白质品质，补充过瘤胃氨基酸或非降解蛋白质与补充脂肪来解决，三者之间达到生理平衡可使产奶量增加的同时干物质保持在一定水平上。

应激与疾病有同样的影响作用，特别是暑热与乳房炎、肝脏疾病对牛奶干物质有重要影响。因此，加强环境的调控是不可忽视的一面。

81. 怎样提高牛奶的乳脂率？

乳脂率是衡量乳质优劣的重要指标，含量一般为 3%～5%，原料奶收购标准为 3.2%以上。乳脂中含有人体必需的亚麻酸和花生油酸及多种脂溶性维生素、磷脂类等。提高乳脂率的主要方法是进行奶牛品种改良，选择优质粗饲料，尽量饲喂青贮饲料和优质干草。

饲养管理是影响乳脂率的重要因素。

在奶牛日粮中，不能过多强调精料，而应以多汁青绿饲草、青干草等优质粗饲料为主。在充分供给优质青干草等粗饲料后，不足的能量部分由精料供给，在饲喂上也应先粗后精，精料尽量做到少量多次饲喂，避免一次摄入大量精料。Poewll(1939)最早发现，给奶牛饲喂高精料、低粗料日粮会导致乳脂率下降。当饲粮中精料比例较高时，瘤胃中乙酸比例减少，丙酸比例增加；反之，当粗料比例较多时乙酸比例增多。可见，增喂粗饲料有利于提高乳脂率。但粗饲料不能提供乳牛合成乳蛋白的原料，会影响产奶量。因此，牛的饲粮要合理搭配，不仅提供适量的精料和多汁料，保证奶牛高产，同时要保证有一定比例的粗饲料以提高乳脂率。粗料比例一般不低于日粮的 40%。

大量试验证实，奶牛乳脂率与日粮纤维有关，并推断日粮纤维含量和来源对乳脂率的影响可能与纤维的长短有直接关系。因此要注意日粮的物理形态，精料的子实类以打碎或压碎为好，而青粗饲料铡短长度一般以 8 厘米左右为好，青贮牧草可适当长一些，这样可增加饲料在消化道内滞留的时间，从而达到提高粗纤维、干物质的消化率，进而提高乳脂率的目的。饲喂奶牛要注意日粮的消化率，高产奶牛日粮消化率不应低于 65%。精料中易消化的是大麦、高粱，玉米相对较差，粗料中禾本科青干草易消化，其他牧草相对差一些。

正确的按摩和挤奶操作能增强排乳反射，提高奶产量和乳脂率。规范和提高挤奶技术，每次挤奶时力求使乳腺泡内的乳汁尽量挤净，不仅可提高产奶量（增幅为 10%～20%），而且可增加乳脂率 0.2～0.4 个百分点。掌握挤奶速度，尽可能在 5 分钟内挤完。

82. 什么添加剂可以提高乳脂率？

(1)脂肪酸钙 脂肪的正作用是能量高并能直接为乳脂合成提供脂肪酸。约 50%的乳脂肪必须由日粮中脂肪供给。当奶牛处于能量正平衡时，很难动用体脂肪并把它运入乳腺，因此在泌乳期日粮脂肪是乳脂的重要来源。脂肪的负作用是不饱和脂肪代谢产生的不饱和脂肪酸，在瘤胃内和氢结合促进丙酸生成从而降低乳脂含量；由于氢的加入，生成的转移单不饱和脂肪酸也能抑制脂肪在乳腺内的合成。根据脂肪的上述双重作用，为了不妨碍瘤胃发酵等特性，在饲料中添加

3%～6%脂肪为宜。游离油脂常降低乳脂含量，而整粒油籽未产生此作用。大豆油或整粒大豆可以降低乳蛋白含量，而棉籽油和棉籽的影响很小。据实验，添加脂肪酸钙300克/天·头，可使奶中乳脂率较对照组显著提高（$P<0.05$），总脂肪、必需脂肪酸中的亚油酸和亚麻酸及钙的含量显著增加（$P<0.05$）。奶牛添加脂肪酸钙仅限于乳脂率3.5%以下的奶牛，对高乳脂率的奶牛无效。

添加保护性脂肪，日粮中要有优质干草，使之提供充足的纤维量，使瘤胃产生的乙酸量多一些，这样才能充分利用保护性脂肪，使产奶量和乳脂率明显升高。研究表明，奶牛日粮干物质中粗纤维应在17%的水平，酸性洗涤纤维21%左右。另外，添加保护性脂肪后，有降低乳蛋白质率的可能性，因此需要增加日粮中粗蛋白质的含量，但如果与过瘤胃蛋白质饲料合用可缓解这一问题。

(2)双乙酸钠　近年来研究和实践证明，在奶牛日粮中添加0.3%～0.7%的双乙酸钠可提高产奶量和乳脂率。双乙酸钠的作用机理是在动物体内可释放出乙酸，乙酸可参与动物的能量代谢。乙酸是牛奶中合成脂肪酸的主要前体物质，牛奶中50%的脂肪酸是由乙酸合成的。同时双乙酸钠可改善瘤胃内环境，有利于瘤胃有益微生物的生长繁殖，促进多种营养物质的消化和吸收，从而提高产奶量。作为营养性饲料添加剂，双乙酸钠除上述作用外，还对饲料有防霉保鲜作用，增加适口性，安全无毒，在体内无残留等优点。双乙酸钠在国外早已应用，现国内也开始应用，如黄玉德等（1997）报道，在24头健康荷斯坦牛日粮中添加0.3%的双乙酸钠，每日饲喂3次，连喂40天，试验组比对照组产奶量提高7.9%，乳脂率提高8.4%。

83. 什么是酒精阳性乳？是怎样造成的？

酒精阳性乳是指乳酸度在11°T～18°T，用70%左右的酒精与等量的牛奶混合，会产生微细颗粒和絮状凝块的乳。由于这种乳的热稳定性较差（加热易凝固），当温度超过120℃时易发生凝固而阻塞管道，使乳无法通过板式换热器。并且由于乳凝在管壁上，使设备难以清洗，给乳品加工带来困难，且这种乳难于储存，风味也差。因此，乳品加工企业在收购鲜乳时，均进行酒精阳性乳检验，一旦呈阳性就拒收，给养殖户带来巨大损失，同时造成严重资源浪费。

造成酒精阳性乳的原因，一是奶牛个体生理原因，另外是因为牛乳在收藏、运输等过程中，卫生不良和消毒不严，未及时冷却，而造成乳中微生物迅速繁殖将乳糖分解为乳酸，致使酸度增高所致。

奶牛生理原因造成酒精阳性乳有以下一些方面。

(1)应激反应 在生产中，随着气温的升高，阳性乳的发生率也逐渐升高，特别是7～8月份高温季节，发生率达到最高。这是由于高温对乳牛是一个很大的应激因子。在高温作用下，奶牛分泌促肾上腺皮质激素（ACTH）增多，导致甲状旁腺素（PTH）的升高，后者直接提高血钙的浓度，引起奶钙含量的提高，并降低牛奶稳定性，从而出现酒精阳性乳。因此，阳性率在高温季节明显升高。

(2)泌乳月份 一般来说，在第一个泌乳月和干乳前的2个月，奶牛群中出现阳性乳的概率也明显升高，这主要是因为应激的缘故。分娩月，奶牛的体质较差，对应激更敏感；而干奶前2个月内，奶牛已经经历一个漫长的泌乳期，机体体质变差，再加上胎儿逐渐增大，奶牛受到的应激在加大，并且对应激的敏感性也在增加，导致酒精阳性乳发生率的增加。

(3)惊吓 奶牛受惊吓时，刺激交感神经肾上腺素分泌量增多，抑制垂体后叶分泌催乳素，从而使乳汁分泌量减少，乳汁贮留于乳腺组织中，也易引起阳性乳的发生。

(4)换料 饲料的急剧变化对奶牛是一个很大的应激因子，奶牛需要调整消化系统来适应新的饲料而引起机体的应激反应，进而导致酒精阳性乳的发生。

(5)营养因素 日粮总量不足或过高；精饲料喂量过大，饲料发霉、变质，尤其是青贮饲料品质差，导致奶牛食欲下降或引起腹泻等胃肠疾病；长期缺乏维生素、微量元素；长期饲喂低钠饲料（据报道，阳性乳的钠离子浓度明显低于阴性乳）；钙磷比例失调，日粮钙含量过高等均会引起阳性乳。

(6)内分泌失调 奶牛在发情期、妊娠后期或注射催情雌激素时内分泌失调。由于雌激素的作用，使子宫、乳腺的毛细血管的通透性受阻而内分泌异常。

(7)其他因素 奶牛患一些疾病后，乳汁的合成功能紊乱，加上环境条件、饲料条件的改变，极易产生阳性乳。这些疾病主要有隐性乳房炎、肝脏功能障碍、酮血症、骨软病、钙磷代谢紊乱、繁殖疾病、胃肠疾病。

84. 酒精阳性乳的防治方法主要有哪些？

(1)预防 日常管理应避免奶牛受到惊吓或突然改变饲养环境；稳定饲养管理人员，挤奶时避免陌生人介入；保持饲料品种相对稳定；夏季应设法降低奶牛环境温度，避免奶牛热应激反应。添加脂肪酸钙有助于减轻奶牛热应激反应。另据报道，添喂生化黄腐酸或双乙酸钠可以减轻酒精阳性乳发生。

(2)治疗方法

①改善内分泌失调　奶牛在发情期、妊娠后期、卵巢囊肿以及注射雌激素后引起内分泌失调而产生阳性乳者，可采取肌注绒毛膜促性腺激素1 000单位或黄体酮100单位。

②改善乳腺功能　内服碘化钾10～15克，加水灌服，每日1次，连用5日。2%硫酸脲嘧啶20毫升，1次肌内注射。

③改善乳房内环境　可用0.1%柠檬酸钠50毫升，挤乳后注入乳房中，每天1～2次；1%小苏打液30毫升，挤乳后注入乳房中，每天1～2次。

④恢复乳腺功能　用甲硫基脲嘧啶20毫升配合维生素B_1肌注。

⑤调整机体代谢，解毒保肝　肌注维生素C，用以调节乳腺毛细血管的通透性；用5%碳酸氢钠500毫升或300万单位的土霉素做静脉注射。每天1次，3～5天为一疗程。该方法简便易行，成本低廉，可收到良好的效果。

⑥络合多余的钙离子　用磷酸二氢钠40～70克一次内服，每天1次，连服7～10天。

奶牛酒精阳性乳的产生是一个极其复杂的临床表现，它不仅与饲养管理、日粮供应水平有密切关系，而且与机体所处的状态、健康水平、外界环境、季节变化等都有直接关系。因此，在预防和治疗酒精阳性乳时，要充分考虑诸多因素，结合当地实际情况，综合分析，抓住其发病的主要原因，采取综合的防治、治疗措施，才能达到预期目的。

85. 什么是奶牛无公害标准化生产？

奶牛无公害标准化生产，是指奶牛生产全过程中，按照无公害食品标准从环境、引种、饲料饲草、用药和管理等几个方面进行质量监控，生产出无公害、无药物残留的牛奶，经认证合格获得认证证书并允许使用无公害农产品标志，同时生产过程中不对周围环境造成污染。

86. 奶牛场卫生消毒应准备哪些药品？

为了保证奶牛场的正常生产，防止疾病的发生，整个奶牛场的卫生消毒必不可少。奶牛场的卫生消毒很重要，它是减少或消灭病原微生物很有效的途径。根据消毒对象不同，所选用的消毒药剂和消毒方法也各不相同。消毒药剂应选择对人、奶牛和环境比较安全、没有残留毒性、对设备没有腐蚀和在奶牛体内不产生有害积累的消毒药剂。

奶牛场可选用的消毒药剂有：石炭酸（苯酚）、煤酚皂（来苏儿）、双酚类、次氯酸盐、有机碘混合物（碘伏）、过氧乙酸、生石灰、氢氧化钠（火碱）、高锰酸钾、硫酸铜、新洁尔灭、松馏油、酒精等。

国家最新制定的无公害牛奶生产标准，允许使用消毒防腐剂对饲养环境、棚舍和器具进行消毒。但不能使用酚类进行器具消毒。

87. 如何进行奶牛生产中的消毒工作？

(1)牛场环境　牛舍周围环境（包括运动场）每1～2周用2%火碱消毒或撒生石灰1次；场周围及场内污水池、排粪坑和下水道出口，每月用漂白粉消毒1次。在大门口和牛舍入口设消毒池，使用2%火碱或煤酚皂溶液，要经常更换消毒池内的消毒液。

(2)牛舍消毒　牛舍在每班牛只下槽后应彻底清扫干净，定期用高压水枪冲洗，并在牛舍周围、入口、产床和牛床下面撒生石灰或用2%火碱进行喷雾消毒。

(3)工作人员的消毒 工作人员进入生产区应进行更衣和紫外线消毒3～5分钟,工作服不应穿出场外,生产区尽量避免外人参观,必须参观时参观者应彻底消毒,更换场区工作服和工作鞋。另外,工作服或工作鞋要定期用一定浓度的新洁尔灭、有机碘混合物或煤酚皂的水溶液进行消毒。

(4)生产用具的消毒 要定期对饲喂用具、料槽和饲料车等进行消毒,可用0.1%新洁尔灭或0.2%～0.5%过氧乙酸消毒;日常用具、挤奶设备和奶罐车、兽医器械、配种器械等在使用前后也要彻底清洗和消毒;车辆在进入场区时要喷雾消毒;挤奶机器管道用35℃～46℃温水及70℃～75℃的热碱水清洗消毒,以除去管道内的残留物质,同时防止微生物的孳生。

(5)带牛环境消毒 定期用0.1%新洁尔灭或0.3%过氧乙酸或0.1%次氯酸钠进行带牛环境消毒,这样既消灭了牛体表、枷杠和料槽表面的微生物,还避免了牛只间微生物的传染,这种消毒方式对散放饲养方式较适合。带牛环境消毒减少了牛只间或牛与圈舍间的相互污染,但在进行带牛消毒时,一定要避免消毒药剂污染到牛奶中。

(6)牛体消毒 在挤奶、助产、配种、注射治疗及任何对奶牛有接触的操作前,须先将牛有关部位如乳房、乳头、阴道口和后躯等消毒擦拭,防止人为地传播疾病;另外,定期用4%硫酸铜溶液对奶牛喷洒浴蹄,以降低蹄病的发生率,保证牛蹄健康。

八、奶牛繁殖技术

88. 奶牛的生殖器官包括哪几部分?

(1)性腺 即卵巢。

(2)内生殖器官 包括输卵管、子宫、阴道。

(3)外生殖器官 包括尿生殖前庭、阴唇、阴蒂。

89. 奶牛卵巢的形态及生理功能是什么?

卵巢形状为扁椭圆形。平均长为2～3厘米,宽1.5～2厘米,厚1～1.5厘米。母牛性成熟后,在发情周期内的不同时期,卵巢上有卵泡或黄体存在,卵巢表面可能凹凸不平。卵巢一般位于子宫角尖端的外侧。青年母牛和初产牛,卵巢在耻骨前缘的附近。经产母牛子宫角因胎次增多而逐渐垂入腹腔,卵巢也随之移至耻骨前缘的前下方。

卵巢生理功能有:

(1)生长卵泡和排卵 卵巢皮质部分布着许多原始卵泡,它需经过次级卵泡、生长卵泡和成熟卵泡的发育阶段后排出卵子,排卵后在原卵泡处形成黄体。

(2)分泌雌激素和孕激素 在卵泡发育过程中,卵泡细胞的内膜可分泌雌激素,由此引起母牛发情的外部表现。排卵后形成的黄体能分泌孕酮,它是维持妊娠所必需的激素。

90. 奶牛输卵管特征及生理功能是什么?

输卵管被包裹在输卵管系膜内,细长而弯曲,是卵子进入子宫的必经之路。由伞部、壶腹部和峡部三部分组成。

输卵管的卵巢端边缘膨大呈漏斗状，漏斗的边缘形成许多皱襞，这部分称为输卵管伞。输卵管的前 1/3 段较粗，称为壶腹，这是卵子受精的地方。输卵管的其他部分较细，称为峡部。输卵管与子宫角相连处叫做宫管结合部。

输卵管生理功能有：

(1) 输送卵子 从卵巢上排出的卵子先被输卵管伞接纳，然后通过输卵管的蠕动和收缩上皮纤毛的摆动，将卵子运送至壶腹部与那里等待的精子结合，即受精。受精卵又被继续运送下行，通过峡部和宫管结合部进入子宫。

(2) 卵子受精的场所 精子获能、精卵结合受精和早期卵裂均在输卵管中进行。

(3) 分泌功能 输卵管可分泌有助于精卵存活和运行的化学物质，如黏蛋白、黏多糖等。

91. 子宫形态及生理功能是什么？

子宫由子宫颈、子宫体和子宫角三部分组成。在两个子宫角间的基部有一纵隔(外分叉)将两角分开，称为对分子宫，子宫角的大弯有子宫阔韧带附着，血管、神经由此出入。

子宫颈长 5～10 厘米，直径 3～5 厘米，壁厚而硬，内壁有 2～5 个横向的新月形皱襞相嵌合。子宫颈前端以子宫内口和子宫相通，后端突入阴道，称为子宫颈外口。

子宫体长 1～4 厘米，为两侧子宫角的共同部分，多数牛这部分很短，为 1～2 厘米，输精操作时应特别注意这个部位，这里也是左右子宫角的起始端，也称子宫角的内分叉。

子宫角长 20～40 厘米，两角基部之间的纵隔处有一纵沟，称为角间沟。

子宫内壁有突出于表面的半圆形子宫阜 70～120 个，深部含有丰富的血管，怀孕时即发育为母体胎盘。

空怀青年母牛及经产胎次少的母牛，子宫角弯曲如绵羊角，位于骨盆腔内。经产母牛，不同程度地垂入腹腔。

子宫生理功能有：

(1)运送精子 母牛发情时子宫肌纤维节律性地收缩，使精子超越自身的运行速度通过子宫进入输卵管，到达壶腹部的受精部位。

(2)为精子获能和孕体的发育提供环境 在发情时，母牛子宫内膜分泌物及渗出物含有的营养代谢物有助于精子获能。卵子一旦受精，这些代谢物又满足附殖前孕体的营养需要。

(3)胎儿发育的场所 怀孕时，子宫阜形成母体胎盘与胎儿胎盘结合，成为胎儿与母体交换营养物质和排泄物的器官，一直支持胎儿发育至成熟。

(4)排出胎儿 在妊娠结束分娩时，子宫以其强有力的阵缩排出胎儿。

(5)溶解黄体 未孕的母牛，在发情周期末期，子宫角内膜分泌前列腺素对同侧卵巢上的黄体有溶解作用，致使黄体功能减退，引起卵泡生长发育，导致发情。

92. 母牛阴道形态及生理功能是什么？

母牛的阴道长约 25 厘米，阴道背侧为直肠，腹侧为膀胱和尿道。阴道腔为一扁平的缝隙。前端有子宫颈阴道部突入其中，周围的阴道腔体称为阴道穹窿，阴道后端与尿生殖前庭之间以阴瓣的皱襞为界。阴道主要生理功能是进行交配和娩出胎儿。

93. 什么是生殖激素?

一般认为"激素是由动物体内一部分细胞产生的化学物质,它们被释放到细胞外,通过血液循环或扩散转运到靶细胞而发挥调节作用"。生殖激素就是指那些直接作用于生殖活动(发情、排卵、受精、妊娠、分娩等),并以调节生殖过程为主要生理功能的激素。

生殖激素包括以下几类:来自下丘脑的促性腺激素释放激素(GnRH);来自垂体前叶的促性腺激素,包括促卵泡素(FSH)、促黄体素(LH)、促乳素(PRL);来自卵巢的性腺激素,包括雌激素、孕激素;来自胎盘组织的促性腺激素,包括绒毛膜促性腺激素(HCG)、孕马血清促性腺激素(PMSG);前列腺素(PG)是一种局部激素,存在于身体各种组织器官中,已发现有 8 种类型,但基本化学特性是不饱和脂肪酸。不同类型的前列腺素具有不同的生理作用,在奶牛繁殖功能的调节中,最重要的是 $PGF_2\alpha$ 型;催产素(OXT),合成于丘脑下部,贮存在垂体后叶。

生殖激素的作用特点有以下几种:

(1)微量、高效 微量的生殖激素便可产生巨大的生物学效应,可引起母牛机体产生明显的生理反应。如血液中百万分之一的雌二醇,就能引起母牛生殖道发生变化,引起阴道黏膜、子宫黏膜收缩。生殖激素在体内的含量是以微克、纳克、皮克来计量的,虽含量极微,但调节着奶牛个体生殖活动的全过程。

(2)特异性强 指生殖激素的作用具有一定的选择性,各种生殖激素均有其一定的靶组织或靶器官,如:促性腺激素作用于性腺(卵巢)、雌激素作用于生殖器官和乳腺导管等。

(3)协同和拮抗作用 奶牛的生殖活动是由几种激素共同调节、协同作用的结果，如排卵是在 LH 和 FSH 的共同参与下完成；有时又是拮抗的关系，例如：雌激素能引起子宫收缩、兴奋性增强；而孕酮则能抵消雌激素的反应，使这种兴奋性减弱或消退。

(4)生物学效应与动物所处生理时期及激素用量和使用方法有关 生殖激素平衡与调节受泌乳期及产奶量影响。处于泌乳盛期（产后 2 个月左右）的奶牛多发生卵巢功能异常，这主要与产奶高峰时期的内分泌失调有关。此时期下丘脑促乳素释放因子（PRF）的大量释放影响 GnRH 的释放，从而导致卵巢功能的降低。

(5)活性丧失很快，但对机体有持续性和累积性作用

(6)功能无种间选择性，但有种间差异

(7)只调节反应的速度，不发动细胞内新的反应

94. 奶牛生殖激素在临床上如何使用？

(1)治疗卵巢功能减退（包括：功能不全、卵巢静止、萎缩）

① PMSG（孕马血清），奶牛当日一次肌注 2 000 单位。

②FSH（促卵泡素），当日一次肌注或连续两日肌注 100 ～200 单位。无论使用 PMSG，或是 FSH，均在注后第 2～3 天直检卵巢，视卵泡发育情况肌注 HCG 2 000～3 000 单位或 LH 200 单位，注射当天或第二天卵泡成熟者可配种。

③促排 3 号（LRH-A3），肌内注射 25～50 微克，隔天 1 次，连续 2～3 次。对于卵巢上只有卵泡发育、但不成熟排卵的牛，治疗效果较好，因此主要用于治疗由卵巢功能不全引起的隐性发情。

④苯甲酸雌二醇，肌注 6～8 毫克，对卵巢静止者不能诱发本次卵泡发育，因而没有卵子排出。但能引起母牛表现发情症状，可刺激子宫、生殖道出现血管增生、血液供给旺盛，功能增强，对诱导下个周期的自行发情有一定作用。

⑤三合激素，肌注 8～10 毫升，该制剂由丙酸睾丸素、黄体酮和雌二醇组成，对诱发奶牛发情有效。

(2)治疗持久黄体 氯前列烯醇 0.4～0.6 克，当日一次肌注，用药后 3～5 天出现发情并能配种，配后可以受孕。

(3)治疗卵泡囊肿

①HCG（绒毛膜促性腺激素）5 000～7 000 单位，5%葡萄糖 10～20 毫升，一次静脉注射（静注便于药物吸收，不产生抗体），或肌注 HCG 10 000 单位。应注意的是，HCG 的活性因不同制药厂和批次而异。

②LH（促黄体素）200～400 单位，一次肌注。观察 3～5 日，根据囊肿变化，可再重复注射一次。

③促排 3 号（LRH-A3）50～100 微克，一次肌注。

④黄体酮 50～100 克，肌注，每日 1 次，连用 4～6 天。

⑤地塞米松 10～20 克，肌注，隔日 1 次，连注 3 次。

(4)治疗黄体囊肿

①氯前列烯醇 0.4～0.6 克，当日一次肌注。

②LH 200～400 单位，当日一次肌注。

(5)治疗排卵障碍 包括排卵延迟或不排卵。

①在配种的同时，肌内注射促排 3 号（LRH-A3）50～75 微克，或 HCG 2 500～5 000 单位，或 LH 200～300 单位。

②黄体酮 50～100 克，苯甲酸雌二醇 5～10 克，混合肌注。

(6)治疗卵泡萎缩与卵泡交替发育 一旦出现发情表现，

立即肌内注射FSH 100～200单位/头，于配种同时肌注促排3号(LRH-A3)25～50微克，间隔8～12小时进行第二次输精。

(7)治疗早期黄体发育不良 包括胚胎早期死亡。

①HCG 1 000～2 000单位/头·日，配种后第5～7天，连续肌注3天。

②LH 100～200单位/头·日，配种后5～7天，连续肌注3天。

以上处理，可起到诱导“副黄体”的作用。

(8)治疗产后乏情 即产后60天内不发情。

①促排3号(LRH-A3)50～75微克，产后14～16天，一次肌内注射。

②氯前列烯醇0.4～0.6克，产后30天左右，卵巢存在黄体，可施肌内注射。

95. 什么是奶牛初情期、性成熟和体成熟?

(1)初情期 是指母牛第一次发情和排卵的年龄，是性成熟的初级阶段，是具有繁殖能力的开始，奶牛一般为6～12月龄。

(2)性成熟 初情期后，母牛的生殖器官发育加快，生殖功能达到比较成熟的阶段，生殖器官已发育完全，具备了正常的繁殖能力，此时期称为“性成熟”。母牛完成性成熟的时间为8～14个月龄，但性成熟后牛不能马上参加配种，因为母牛的身体尚处在生长发育中，此时配种不仅影响牛自身的生长发育和以后生产性能的发挥，而且还影响到犊牛健康成长。

(3)体成熟 晚于性成熟，公、母牛的体型基本达到生长完成时期，已具备公、母牛的固有性征。初配年龄应等到青年母牛的体重达到成年母牛体重的70%左右，一般在18个月龄左右。

96. 奶牛发情有何特点？

(1)概念 性成熟奶牛在生殖内分泌的作用下，卵巢上的卵泡周期性地发育成熟，并分泌雌激素，在雌激素的作用下，母牛生殖道产生一系列变化，表现出性欲，爬跨其他牛，也接受其他牛的爬跨，我们把这种生理状态称为发情(也称闹栏、跑栏)。

(2)特点 奶牛在发情后的2～3天从阴道内流出血液或混血的黏液，若出血量少，颜色正常，对牛妊娠无不良影响；若出血量多，色泽暗红或是黑紫色，是患子宫疾病的症状，要仔细检查，及时治疗。

奶牛属全年多次发情的家畜，没有明显的季节性，饲养管理好的牛可全年发情配种；但在粗放的饲养条件、气候寒冷、营养差，牛多表现为休情。

奶牛发情期(发情持续时间)短，但行为明显。奶牛有外部表现的发情时间仅为18～24小时，有些牛仅几小时；有许多牛是在夜晚开始发情，因此应特别注意观察，防止漏情。

排卵发生在发情结束后数小时，多在10～15小时。因此，奶牛刚发情时不要急于配种，一般适宜的配种时间应在奶牛发情接近结束时。大量研究表明，有68%～73%的奶牛是在夜间排卵，排卵时间多在深夜到次日凌晨之间，因为夜间环境安静，生殖系统的兴奋性增加，排卵相对较快。

97. 奶牛的发情周期是如何划分的？

性成熟的奶牛，在正常情况下，每隔一定时期就会出现一次发情，直到衰老为止，这种有规律的周期称发情周期。奶牛的发情周期平均为21天。根据卵巢上卵泡和黄体的交替变化，可将发情周期分为卵泡期和黄体期。卵泡期是指卵泡开始发育到成熟排卵的时间；黄体期指卵泡破裂后开始形成黄体直到黄体开始退化为止。

卵泡期较短，为发情周期的第17天至第21天，其余时间为黄体期。

发情期受光照、温度、饲养管理、个体情况等因素的影响，变动的范围为18～25天，如夏季稍长，冬季稍短；初产牛稍短，经产牛稍长；瘦牛稍短，肥牛稍长等。发情期又分为发情前期、发情盛期、发情后期和休(间)情期。

(1)发情前期 是发情的准备期，阴道的分泌物由干黏状态逐渐变成稀薄，分泌物增加，生殖器官开始充血，但不接受其他牛爬跨。初期精神兴奋不安、哞叫、食欲下降、产奶减少、排尿次数增加；相互间舔舐、嗅闻、爬跨其他母牛或被其他母牛尾随。

(2)发情盛期 是母牛性欲旺盛期，其特点是：食欲减退，精神兴奋，在栏内不停地走动、时常哞叫(俗称"叫栏")，尾根举起，愿意接受其他牛的爬跨。外阴部红肿，从阴门流出大量黏性的透明液，阴道黏膜潮红而有光泽，黏液分泌增多。在牛群内常有些牛嗅发情牛的外阴部。

进入发情盛期后被爬跨时站立不动，也称为"打稳栏"或"站立发情"，这是奶牛发情最可靠的标志。其他牛尾随试图爬跨时，被爬跨的牛不逃避，并回头探望，这也是发情牛的独特表现。反复爬跨后，尾根或荐部表皮通常被磨破；雨天或泥泞地，后躯沾有污泥，这也是判断奶牛是否发情的一种辅助办法。

(3)发情后期 是发情现象逐渐消失的阶段。奶牛性欲消失，拒绝爬跨。阴道分泌物减少，阴道黏膜充血、肿胀状态逐渐消退。到发情后期，母牛逐渐安静，不再接受爬跨。阴门肿胀、阴道壁潮红充血、有黏液排出呈“吊线”状，透明色泽似鸡蛋清，由稀逐渐变稠。

发情的实质是卵巢上有卵泡发育，并有一个成熟卵泡排出卵子。

(4)休情期 奶牛性欲完全停止，精神状态恢复正常。此时黄体已发育完全，又称黄体活跃期。

98. 影响奶牛发情的因素有哪些？

(1)产后泌乳 奶牛产犊后，泌乳功能旺盛，虽然身体正逐步恢复(由负平衡转向正平衡)，但由于乳腺活动强烈，仍能抑制生殖功能，使卵巢无成熟卵泡发育，产后大约有60天的时间奶牛不表现发情。

(2)营养水平 如长期饲料供应不足，营养不良，能量、蛋白质、维生素和矿物质缺乏均会影响发情，甚至停止发情，即使发情，往往也不正常，如发情表现不明显、或虽发情而不排卵、或者排卵期延迟等。

(3)季节气候 虽然奶牛的发情本身是无季节性的，但是由于季节造成的气候环境差异，也会影响奶牛的发情，甚至饲草料差异、管理不当、卫生条件等使酷暑和严寒下的冷、热应激变得更为严重，对奶牛的发情都有抑制作用。

99. 如何鉴定母牛发情？

(1)外部观察法 是通过母牛行为变化进行发情鉴定的方法。主要观察爬跨行为、阴道分泌物状况以及因爬跨在身体上留下的痕迹。

(2)阴道检查法　用开膣器打开阴道,检查阴道黏膜色泽、滑润度、黏液量和子宫颈开口大小等。

(3)直肠检查法　将手伸入直肠内,检查卵泡发育和子宫情况。卵巢上卵泡发育是母牛发情的根本标志。

发情母牛一侧卵巢有1.5～2厘米的成熟卵泡,一般在体积大的卵巢一侧,触摸时卵泡波动明显,随发情过程的进展,卵泡壁由厚变薄,卵泡内压力逐渐变小,排卵前卵泡壁很薄、松软,有一触即破之感。

要注意防止卵泡被摸破,手法要轻缓。

排卵后原卵泡处有一个排卵窝,卵巢小的奶牛可能感觉不到窝,仅感到卵巢扁软,排卵几小时后,排卵窝被周围的血液和组织液填充,形成一个凝血块,手感比较软,随时间进展逐渐形成黄体。

发情母牛的子宫内膜增生、充血,在发情盛期,触摸子宫时,双角卷曲收缩、质地硬,呈"勃起"状,体积比非发情时大,这是发情母牛子宫典型特征。

(4)试情法　怀疑母牛是否发情,可牵至阉牛或其他母牛处进行试情,如果母牛表现兴奋,爬跨其他牛并接受爬跨,说明此牛已发情。

100. 奶牛的异常发情有哪些表现形式?

(1)安静发情　也称隐性发情,即无发情表现,缺乏性欲,卵巢有卵泡发育并排卵。这种情况在奶牛中比例较高,一般出现在年老体弱,营养不良,日照少,阴雨季节运动不足或产奶量较高的奶牛。产后60天左右,高产奶牛易发生安静发情。主要原因是内分泌紊乱,奶牛雌激素分泌不足或是对雌激素不敏感造成的发情症状不明显,这类奶牛发情时间短,又不易观察，很容易漏情失配，造成生产上的损失。对隐性发情的奶牛，除加强观察外，应根据以往发情周期记录推算和预测下一次发情的日期。另外注意发现外阴变化，如阴户水肿、黏液流出等，结合直检判断是否发情，以便确定适时输精的时间。直肠检查卵泡发育情况，可帮助作出准确的判断。

(2)持续发情 正常奶牛的发情持续时间较短（18～24小时），但有的奶牛连续发情2～3天以上，多数是因患卵巢囊肿（慕雄狂）缘故。主要是由于不排卵的卵巢不断发育、增生、肿大、分泌过多的雌激素，而促黄体素分泌不足造成的。奶牛表现为发情时间持续很长（2～3天或更长）、发情周期短（6～14天发情一次），表现出很强的性欲，发情行为强烈。这是一种繁殖疾病，需进行治疗。

(3)短促发情 短促发情指动物发情持续时间短，如不注意观察，往往错过配种时机。短促发情多发生于青年动物，家畜中乳牛发生率较高。其原因可能是神经—内分泌系统的功能失调，发育的卵泡很快成熟破裂排卵，缩短了发情期，也可能是由于卵泡突然停止发育或发育受阻而引起。

(4)孕后发情 奶牛在怀孕期间出现的发情，可称为假发情或孕后发情。一般在妊娠中后期出现孕后发情的母牛较多。一般孕后发情牛只有发情的外部表现，但无卵泡发育，不排卵。奶牛在妊娠4～5个月，也有的在临产前的1～2个月，突然有性欲表现，爬跨其他牛，特别是接受爬跨。进行阴道检查，子宫颈口收缩，无黏液；直肠检查可摸到胎。主要是由于母牛体内激素分泌失调，雌激素分泌增多，黄体分泌孕酮的功能降低，孕激素分泌相对较少所致。雌激素可来源于卵巢上发育的卵泡，也可来源于胎盘。常常造成“激素性流产”。有些妊娠母牛的卵巢仍有卵泡发育，有些卵泡还可发育成熟甚至排卵。对于多数妊娠牛来说，一旦出现接受爬跨的情况就意味着要流产或已流产。要认真对待这些牛，结合配种记录和发情预测，仔细进行直肠检查，确定相应的措施。

101. 奶牛产后何时配种好？

奶牛产犊后子宫恢复正常需20～31天，在无犊牛哺乳的情况下，30～45天后就可出现第一次发情和排卵，个别牛甚至产后10多天即开始第一次发情，但此时子宫尚未恢复好，很难受胎。产后30～40天发情的奶牛可以配种，但由于有些牛子宫功能尚未完全恢复，受胎率很低，随着产后时间的延长、子宫功能恢复、内分泌平衡和卵巢活动增强，奶牛的配种受胎率也相应提高，一般在产后55～90天配种较理想。

102. 如何进行直肠检查？

直肠检查可用于发情诊断和妊娠检查。初学者应先检查空怀牛，摸清楚空怀母牛子宫和卵巢的形态，脑海中应建立起母牛生殖器官的解剖图。

(1)操作步骤 剪短、磨光指甲，消毒处理直肠检查长臂手套，套在手臂上，涂上净水或润滑剂。检查者站在母牛后侧方(右手检查时站于左侧)，不用于检查的手将牛尾巴扯向一旁(或饲养员握住)，用于检查的手五指并拢成圆锥形，手心向上，左右旋转慢慢伸入肛门，伸过腕部后，手心向下，手掌往下压，在直肠的下部骨盆腔内寻子宫。先摸到较坚实的棒状子宫颈。沿着子宫颈背侧继续向前摸到一条浅沟即角间沟，沟的两旁各有一条向前向下弯曲的形如绵羊角状物即是左右两个子宫角，两个子宫角可全部兜在手内。分别触摸和感觉两侧子宫角的大小(图8-1)。在两侧子宫角外侧或下端可以模到卵巢，用食指和中指固定，然后用大拇指轻轻地触摸，检查其大小、形状和质地。经产母牛子宫垂入腹腔，可握住子宫颈将子宫角向后拉，手带着直肠向前迅速滑动（孕检时慎用，空怀牛可以此操作）。

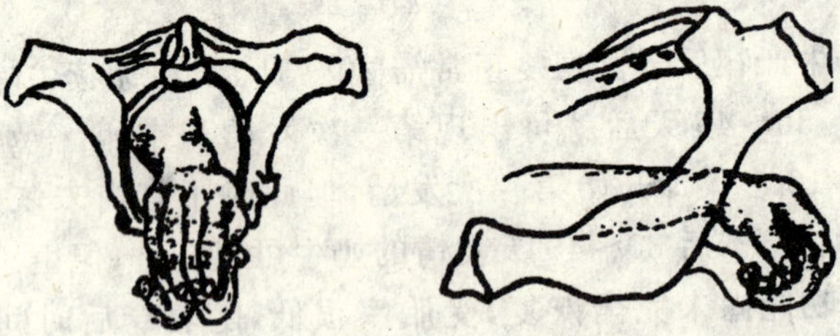

图 8-1　母牛的直肠触诊

直肠检查依靠手指的感觉，这个感觉是反复实践练出来的。

(2) 注意事项　手臂伸入肛门时，直肠内如有宿粪，可用手指扩张肛门，使空气由手指缝进入直肠内，促使宿粪排出，或用手轻轻掏出。膀胱积满尿液时也会给直肠触诊造成困难，因为直肠被膀胱向上撑起而膨胀突出，可等待或设法使膀胱排空后再行检查。

奶牛努责时，不要用力推，应将手稍向后退，用手臂稍压肛门后边缘，待弛缓后，再深入检查。切忌猛推急进，以免损伤肠壁。只允许使用指肚触诊，切不可用指甲抠抓。

直肠检查只能在肠壁弛缓放松状态下进行，努责或肠管蠕动、紧缩时应停止操作，可用手指掐捏母牛背部脊柱，或抚摸阴蒂，或抓提膝部皮肤皱襞，或喂给饲料，以减弱或停止努责。如果上述措施无效，只有耐心等待使其自行放松舒展后，再进行直肠触诊。

直肠检查过程中，由于空气侵入直肠腔，有时造成直肠壁紧张，使直检难以进行。在这种情况下，应避免手臂强行刺激直肠，防止直肠黏膜充血，可用两个手指插入直肠与结肠结合部，随肠壁的收缩，形成套叠，裹在手指上，然后向后拉动直肠，随之排出气体，此时直肠壁彻底松弛。

103. 如何确定适宜的配种时间？

奶牛输精实践表明：在母牛接受爬跨后 12～24 小时，卵泡发育后期输精可获得最佳的受胎率。确定适宜输精时间应掌握以下环节。

第一，适宜的输精时间为发情开始后或排卵前 12 小时，一般为早晨发情傍晚输精，中午发情夜间输精，傍晚发情次日上午输精。情期内输精 1～2 次，以 1 次为宜。

第二，在母牛发情刚刚结束后 5 小时内配种，此时母牛不愿接受爬跨，表现安静，阴道黏液呈黏稠状。

第三，在卵泡成熟期和配种后 10～12 小时通过直肠进行排卵检查，如卵泡仍未破裂排卵，应再输精 1 次。

104. 奶牛人工输精方法有哪些？

奶牛人工输精方法有开膣器输精法和直肠把握子宫颈输精法。

(1)直肠把握子宫颈输精法　配种员一只手臂带上长臂手套，用肥皂水蘸湿，插入母牛直肠。把粪便掏净后，用清净水冲洗外阴部。然后，另一只手持输精枪由阴门插入阴道，先向上斜插一段(10～15 厘米)，避开尿道口，而后平插，一直插到子宫颈口，伸入直肠中的手握住子宫颈的进口处，此时两手配合好，把输精枪尖端引进子宫颈管内，接着再往里插，穿过 2～3 道软骨一样的螺旋状组织(子宫黏膜形成的皱褶)，就达到子宫颈管深部(5～8 厘米),即可注入精液(图 8-2)。

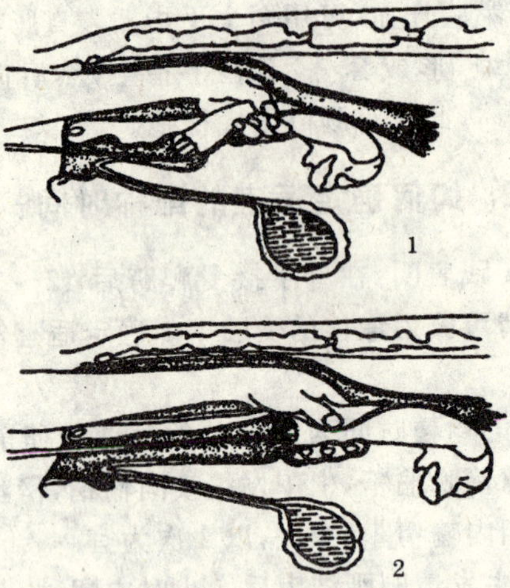

图 8-2　牛直肠把握输精示意图

1. 错误操作　2. 正确操作

注意事项:①手握子宫颈时,如果肠壁绷得太紧不要硬抓,等它松弛之后再去抓握子宫颈管。

②如果子宫颈管过粗或过细难握,就要把子宫颈压住或用手扶住按在骨盆侧壁或下壁上再输精。

③插入输精枪时,手要轻握,并随牛移动。如果阴道皱褶挡住输精枪,不要往里硬插,要变动方向,转动输精枪,并用直肠里的手按摩或轻搔肠壁,以分散母牛注意力,即可插入。

④输精枪对不准子宫颈口时,要检查手是否把握过前,造成颈口游离下垂,应及时加以纠正;如果有皱褶阻挡,就要把颈管往前推,拉直皱褶;如果输精枪偏入子宫颈外围,就要退回输精枪,再用直肠内手的小拇指引导。

⑤一定要穿过 2～3 道硬的螺旋状组织,如果有阻挡,要

转动输精枪往里插，达到子宫颈的1/2或2/3的地方（5～8厘米），方可注入精液。

⑥注入精液时，要把输精枪稍往后拉一下，避免输精枪口被阻。如果发现大量精液残留在输精枪内，要重新输精。

(2)开膣器输精法 用金属或玻璃开膣器扩张阴道，借助光源，寻找子宫颈外口，然后用另一只手将输精管插入子宫颈内1～2厘米，徐徐输入精液。因此种操作繁琐，易引起母牛不适，输精部位浅，受胎率低，因此当前使用较少。

常规操作用两次输精即可，第一次输精后12小时后再输第二次。没有必要进行第三次、第四次输精。增加输精次数不能提高受胎率，还会造成感染、引发子宫或生殖道疾病，浪费冻精。

有经验的技术员，如果精液质量优良，在较准确地掌握了母牛发情的开始时间或根据直检判断卵泡发育成熟度，进而推断排卵时间后，1次输精即可获得满意的受胎率（≥60%）。

经验不足的技术员，由于母牛发情排卵时间的个体差异较大，慎重起见，应采用2次输精法。

105. 精液应输在母牛生殖道的什么位置？

运用直肠把握法给母牛输精，主要有子宫角深部授精和子宫角基部授精两种方法。在使用标准冻精配种操作中，子宫角基部法受胎率略高于深部法。

子宫角深部输精易造成子宫黏膜的损伤，而输至子宫角基部（有卵泡发育侧），可减少对子宫内膜的不良刺激，还为精子创造更多的受精前的准备过程（获能）。

通过直检确定卵泡发育侧，将精液输到卵泡侧的子宫角基部。不能肯定卵泡侧，可将精液输在子宫颈内口处的子宫体基部，这样不论哪侧排卵，都可保证有精子受精。精液输在子宫颈外口处，则不能保证母牛正常受胎。

直肠把握法比开膣器输精法部位深，受胎率高，但并不是说输精部位越深越好。不论在何种情况下，都没有必要将精液送到超过子宫角的弯曲部，原因是：精子在发情母牛的子宫内运行得很快，十多分钟甚至几分钟即可达到输卵管，而且精子在子宫内运行有助于精子的获能。由于子宫角是向下弯曲的，发情时子宫往往处于水肿和充血状态，如果输精器插得太深容易损伤子宫内膜甚至造成子宫穿孔。

106. 细管式冷冻精液输精操作步骤是什么？

奶牛实施人工授精时，应首先做好授精器具的灭菌消毒工作，然后按要求进行。

(1)检查 细管从液氮罐中取出之后，首先要检查管体是否完好，以便确定解冻方法，同时要检查细管上的种公牛号是否清晰，以便在配种卡片上填写与配公牛号。

(2)解冻 在杯子中准备好 37℃～38℃的温水。迅速确认所要使用的细管式冷冻精液，取出后立即放入温水杯中（注意要将细管式冷冻精液棉栓部朝下）。过 20～40 秒钟待细管式冷冻精液融解后，从温水中取出，用洁净的纱布等擦掉水珠，再用 75％酒精棉消毒。如果管体有裂隙或封口不严，可采取手搓法解冻。

(3)剪口 剪口要正，断面要齐，剪口偏斜容易导致精液倒流。

(4)精子活力检查 抽检解冻后的精子活力，活力达标即可使用。

(5)装枪 输精枪温度应保持在 37℃～38℃。使用时将输精枪推进杆退到与细管长度相等的位置，将剪好的细管有栓塞的一端向下装入枪内，把塑料外套套在输精枪上并按螺纹方向拧紧即可输精。

(6)输精 把输精枪插入子宫颈内口后，将输精枪向后退0.1～0.3厘米，以防皱襞堵塞枪口造成精液倒流。推精速度不宜过快，一边推进一边缓缓活动输精枪，将精液推入子宫颈内口。

(7)观察 输精完毕，应仔细检查一下输精枪前端是否残留精液。如精液逆流，应补配一次。

(8)消毒 每次输精之后均应及时将输精枪等输精器具清洗干净并消毒灭菌，做到一畜一具一消毒，以确保授精卫生，防止污染。

107. 在选用冻精时应注意哪些问题？

(1)选用正规厂家生产的细管冻精 应选择国家批准、通过年检合格的正规种公牛站提供的细管冻精。他们制作细管冻精的程序规范，质量可靠，细管外部有冻精生产日期、单位、种公牛号等详细记录，可根据自己奶牛场实际情况有针对性地进行选择。精液质量符合国家标准(《牛冷冻精液标准》GB4143—84)：活力≥0.3，直线运动精子密度≥1 000万个，顶体完整率≥40%，畸形精子率≤20%，细菌数≤1 000个/毫升。

(2)防止近亲繁殖 这是选种选配工作必须注意的问题。因为高度近亲繁殖，可造成牛群品质退化，即近交系数越大，后代弊病越多，表现为繁殖力减退、死胎或畸形胎增多、生活能力下降，体质弱等。在配种时，制定配种计划，并进行配种记录。有条件的牛场或养殖小区，制定选种选配计划时，应计算近交系数，并将其控制在4%以下。

(3)防止难产 奶牛配种时应考虑公牛和母牛的体型差异，特别是对初产牛或体型偏小的牛，选择公牛的体重不易过大。

(4)查看种公牛是否有后裔测定记录 后裔测定是评定种公牛好坏的最有效的方法，只有通过后裔测定的公牛，其冷冻精液才能被广泛采用，后代的产奶水平才会有明显的提高。

(5)优质优价 经过后裔测定的种公牛冷冻精液价格是不等的。对后代产奶量有显著提高的种公牛冷冻精液价格自然要高，而表现平庸的公牛精液价格就低。要根据自身需要，有选择地购买公牛的冷冻精液。

108. 如何保管细管式冷冻精液?

要制作储存明细表以准确掌握提桶内的细管式冷冻精液位置。同时记录库存细管冷冻精液数量，每次购入和使用时要严格核对。操作时，每次将提桶的取出、放入次数限定在最少。不要把存有细管式冷冻精液的提桶提到距液氮罐口部太近处，要距口部5厘米以下，不能在口部长时间滞留。

每一个提桶中尽量保存一头种公牛的细管式冷冻精液。若保存2～3头种公牛精液时，为防止混杂，最好制作隔断，以便识别。

定期测量液氮罐中的液氮损耗量，如损耗严重或更新液氮罐及将液氮移入其他罐中时，最好把损耗较为严重的液氮罐作为添加液氮的运输传导工具，不要作为储存罐使用。

细管式冷冻精液在－130℃以下时质量不会受影响，但温度一旦上升到－130℃以上，再放回到液氮里保管时，精子活力就会下降。液氮罐口部温度达－130℃以上，细管式冷冻精液在此部位停留的时间过长会降低精液质量，细管式冷冻精液一旦暴露在空气中，不到10秒钟，细管式冷冻精液就会达到－130℃。因此操作最好在5秒内完成。特别是环境温度高时，必须在3秒内完成，如5秒以内不能完成，最好将细管式冷冻精液放回液氮中一下，然后再拿出来继续操作。

109. 怎样鉴定冷冻精液品质?

国家对用于制作冷冻精液的种公牛的选择及冻精制作过程都有严格的质量要求，不符合质量标准任何一项者，不得用于制作冻精和进行销售。因此，通过正规渠道采购的正规厂家的冻精，都是符合国家质量标准的产品，冷冻精液出现质量问题，一般都是后期运输保管不当造成的。

对奶牛冷冻精液质量鉴定，主要是检查解冻后精子活率。精子活率又称精子活力，是指直线前进运动的精子占总精子数的百分率。进行精子活力检查前，首先看冻精外观质量应符合标准：细管无裂痕、两端封口严密。然后做如下操作：将细管冷冻精液直接投入40℃温水中，待其融化后，立即取出，剪去棉塞一端，直接将精液点于清洁的载玻片上。为了清楚地观察到精子的活动情况，可加一小滴生理盐水或稀释液加以稀释。然后盖上盖玻片，立即置于400～600倍显微镜下仔细观察直线前进运动的精子量。在评定活力时，要观察上、中、下三个层次和左、右、上、下四个方位视野的差异，才能做出较准确的判断。活力在0.3以上即为合格冷冻精液。

如果是颗粒冻精，应先取2.9％二水柠檬酸钠1～1.5毫升，加温至38±2℃，投放冻精1粒，轻轻振荡，使之迅速溶化后取样镜检。检查时显微载物台的温度应保持在37℃左右。

实验条件允许的情况下，可做染色计算法检查精子死亡百分率，方法是：先将染色液（含5%水溶性伊红和1%苯胺黑溶液）分装于容量为0.5毫升左右的指形玻璃小管中，放入37℃恒温箱或水浴箱中预热，滴入解冻精液2～3滴，混匀后再放入恒温箱，3分钟后即可制作抹片，待抹片风干后在油镜下观察。死精子为红色，活精子不着色或只在头部的核环处呈淡红色。随机观察200个精子并计算出死、活精子的比例。活精子百分数要高于精子活率。对于活率观察技术熟练的人员可不做精子死活染色的检查。

110. 如何做好人工输精前的准备工作？

(1)器械消毒 器械、器具使用后及时清洗和消毒，保存在干净密封的地方备用。操作时，已消毒的器械、器具等不能直接接触桌面或其他物品，应放在经过消毒处理的白纱布、毛巾或者无菌包裹上，避免造成再次污染。

(2)个人卫生要求 人工授精人员应勤换洗工作服，鞋和工作服不得沾有牛粪。严禁在授精室内吸烟，避免环境器具受污染，人工授精前将手臂洗净消毒。

(3)牛外阴部的消毒 人工授精操作时牛外阴的清洗消毒须认真对待，否则容易造成牛的感染。实际操作中要避免以下几种做法：不擦洗外阴部直接插入输精器，可能将病原菌甚至牛粪带入阴道。用清水或消毒液清洗外阴后，未擦干就插入输精器，阴门存留的清洗液也进入了输精器头部，影响精子的活力；用一条毛巾擦洗外阴部，反复使用后成为污染源。

理想的做法是外阴部清洗消毒后，用清洁的纸巾擦净外阴残留清洗液，再插入输精器，然后手臂伸入直肠排除粪便进行正常输精操作；使用输精枪，非常忌讳用手触摸冻精细管前端和输精枪头部。非一次性输精器具，在每头牛输精后立即清洗、干燥消毒，定期灭菌。

111. 怎样提高奶牛细管式冷冻精液的受胎率？

第一，做出正确的奶牛发情鉴定，确定适宜的输精时间。

第二，对细管冷冻精液需要保存完好、正确解冻，确保高活力的精液。

第三，制定严格完善的人工授精器具的杀菌、消毒、保管制度。

第四，搞好奶牛人工授精中母牛个体的卫生管理，特别是外阴部的清洗消毒，以提高精子活力和授精概率。

第五，人工授精室的布局和配置要合理化、完备化。

第六，输精人员技术熟练，操作正确，严格执行器具、手指的杀菌、消毒，杜绝违规操作现象。

112. 如何消毒和使用人工授精器具？

人工授精时使用的器具包括：输精器、显微镜和液氮罐。输精器使用后要及时清洗干净，用蒸馏水冲洗后，160℃干燥箱内干燥1小时以上灭菌或高压蒸汽灭菌器内灭菌15分钟。污染严重的要用洗涤剂洗涮干净后再灭菌。一般来说，消毒药对精子是有害的。所以，人工授精器具要用干热或煮沸方法消毒，不能用干热、煮沸方法消毒时，最好用75％的酒精加以消毒，待酒精完全蒸发后再使用。已消毒过的器具要妥善放置，防止重新污染。

精液储存在高真空保温液氮罐内，液氮罐应放置在室内通风良好、阴凉僻静处。液氮罐分为储存罐和运输罐，应按不同用途区别使用。液氮罐在运输和搬运中要防止震荡和碰撞。罐外保持卫生，罐内注意无菌，每年应将罐内清洗 1 次，除去水分和杂质。取冻精后及时盖好罐塞，防止液氮消耗，罐口处可用塑料、胶布等适当密封，但要留有通气的缝隙。随时注意保持液氮面在安全范围内，千万不能干罐，干罐后罐内保存的冻精即报废。液氮面高度应保持在距罐底 18 厘米以上，即大约剩 1/3 左右时应立即添加液氮。换言之，应保证精液全部浸泡在液氮中。

现有重量减去罐重即为现有液氮量，再按每立升 0.808 千克计算出液氮量。也可用木尺(不能用管状物)插至罐底，经 5～10 秒钟后取出，看结霜的长度即可知液氮的深度。液氮深度不应少于罐高的 1/3，否则应及时补充。

113. 冷冻精液解冻后应注意什么?

解冻后的精液应放在阴凉处，温度 3℃～8℃为宜。携带解冻后的精液进行远程输精时，不要将压封口剪去，否则会使精液在携带过程中受到污染，应在到达目的地使用时才剪去压封口。在寒冷地区或气温降到 0℃时，应对解冻精液保温携带，以防在携带中使精液受到冷打击，从而对精液质量造成影响。一般是将解冻后的精液用棉花或纱布包裹后，放在内衣的口袋中利用体温保温，或者放入垫好棉花的盒内保存，最好在配种前将金属输精器也插在衣内，以使其温度与口袋内的精液温度基本一致。在气温较高的南方地区，或是炎热的夏季，如果配种头数过多，可采取分数次解冻。应将解冻后的精液保存在温度较低的保温容器中，这样可使精液避免因高温而消耗自身更多的能量，影响受胎，或者改在气候比较凉爽的夜间输精。

114. 奶牛屡配不孕的原因有哪些?

(1)饲养管理 日粮营养不平衡或给予不足使奶牛摄取的蛋白质含量过高或缺乏,微量元素、维生素、矿物质及必需氨基酸等缺乏造成屡配不孕。

母牛产后过早地添加大量的精饲料,促使母牛的乳腺器官和消化系统兴奋,减少了子宫的血液循环,直接制约了产后子宫功能的恢复,使内分泌失调,延缓了母牛的发情和实施人工授精机会,从而导致母牛空怀。当饲料中蛋白质含量缺乏时,母牛就会本能地调整体内的蛋白质贮备功能,使体内的氮呈负平衡,造成贫血和生殖器官功能的紊乱,使母牛难以有发情症候表现及受孕。蛋白质采食过高时,牛体内就会产生过多的磷酸,引起维生素 A 和钙的缺乏。体内酸性物质积累过多,会引起母牛生殖能力下降、消化不良等代谢疾病,从而使母牛体质下降,影响发情症候、难以实施人工授精,导致产奶量下降。维生素 E 缺乏能引起生殖器官和功能方面的变化,导致不孕。铁、锌、硒等矿物质的缺乏也会不孕。

另外,由于饲养管理方面,牛舍的潮湿与寒冷,饮水不足,缺乏运动等均能导致奶牛的不孕。

(2)繁殖器官疾患 异性孪生、性器官畸形、幼稚型或生殖器官畸形等先天性疾患导致奶牛不孕;同时,奶牛生殖器官、其他器官或一些传染性疾患均可使奶牛不发情或难以受孕。

生殖器官疾患有:奶牛子宫内膜炎、卵巢功能障碍(如:卵泡囊肿、持久黄体、黄体样囊肿、卵巢静止等)、子宫颈炎、卵巢炎症、阴道炎症、子宫颈糜烂、子宫肌瘤等,都可以造成奶牛不孕。奶牛在产后 20~60 天最容易患生殖器官疾病。

(3)挤奶方法不当　不适当的挤奶极易造成奶牛不发情或受孕困难。对于体质较好、饲养条件上乘，产奶性能高的奶牛，饲养者受经济利益驱动，不顾科学挤奶，实施掠夺式生产方式，造成奶牛泌乳失调、代谢失调、体质虚弱、各种生理功能紊乱，导致奶牛不发情或受孕困难。

(4)输精方法不当　输精过程中消毒或手法不当，人为造成污染；输精部位不合适，如在子宫颈外口处输精、输精太深或输到非卵泡侧的子宫角基部等，均不易受孕；操作不当使精液活力降低。

115. 如何提高奶牛受胎率？

(1)肌内注射激素类药物　催产素（缩宫素）对子宫弛缓的老龄奶牛和子宫复旧不全的奶牛，具有加强蠕动、提高收缩能力、促进排卵和精子在生殖道内运动的作用。给奶牛实施人工授精（配种）10 分钟后，肌内注射催产素（缩宫素）100 单位，可提高奶牛受胎率 20%，产后胎间距缩短 15～20 天。

奶牛实施人工授精（配种）后，肌内注射促性腺激素（HCG）1 000～2 000 单位，可提高奶牛受胎率 12%～19%。

(2)肌内注射维生素　奶牛实施人工授精（配种）的当天和第五天，肌内注射维生素 A 60 万单位，维生素 $D_3$10 单位、维生素 E 50 克。情期受胎率可提高 18%，产后胎间距和输精指数分别减少 15 天和 0.25 次。

(3)肌内注射亚硒酸钠、维生素 E　一般来讲奶牛的胚胎发育早期，其死亡率最高，这往往与奶牛体内缺乏硒(Se)和维生素 E 有着直接的关系。所以，在给奶牛实施人工授精的当天，肌内深部注射亚硒酸钠维生素 E 注射液 30～50 毫升，或将其溶解于水中供牛饮用，这样，可使情期受胎率提高 20%。

(4)肌内注射维生素针剂　奶牛实施人工授精(配种)的当天和第5～6天,肌内注射维生素AD注射液5毫升,并按每千克体重5～20毫升肌内注射维生素E针剂,可使奶牛受胎率提高15%～17%。

(5)肌内注射亚硒酸钠　奶牛实施人工授精(配种)后,随即注射0.2%亚硒酸钠注射液25毫升,可使受胎率提高28%。

(6)肌内注射前列腺素　前列腺素对黄体和持久黄体有很强的溶解作用,能促进卵巢平滑肌收缩,促进卵巢排卵,清除黄体囊肿,提高精液品质。肌内注射0.3～0.4克$PGF_2\alpha$,2～3天后卵巢上的黄体开始退化,使奶牛发情,实施人工授精实现母牛受胎。

(7)肌内注射黄体酮(P)　黄体酮对奶牛发情、排卵迟缓、卵泡发育不全有着良好的疗效,在实施人工授精前,肌内注射黄体酮40～60克,每个情期用药1次,情期受胎率可提高29%。在实施人工授精后第十天,肌内注射黄体酮60克,第一个情期受胎率可达61%。

(8)肌内注射孕马血清促性腺激素　对长期不发情(乏情)的奶牛,每隔18小时肌内注射0.5%新斯的明注射液2毫升,连用3次,同时每次注射孕马血清促性腺激素1000单位,可使8%的奶牛卵巢功能得到恢复并排卵,实施人工授精后,受孕概率增加。

(9)肌内注射新斯的明注射液　第二次输精前15分钟肌内注射0.5%新斯的明注射液2毫升,受胎率为71%。并对实施人工授精1～2次的牛受胎率提高8%～12%。

(10)肌内注射绒毛膜促性腺激素　对卵巢功能长期减退、卵巢囊肿的育龄奶牛,每天注射孕酮50毫升,连用6天,再注射绒毛膜促性腺激素 1 000～5 000 单位，可使7%～8%的母牛正常发情，实施人工授精后可使 42%母牛受胎。

另外，对于长期不孕的奶牛可在实施人工授精后的 5～6 天内肌内注射绒毛膜促性腺激素 2 000 单位，可大大提高母牛的情期受胎率。

(11)肌内注射促性腺素释放激素 肌内注射促性腺素释放激素或人工合成类似激素促排 3 号 200 微克，卵泡会很快发育成熟并排卵，可提高受胎率 11%。对于产后 4 个月屡配不孕的老龄奶牛，在输精前 1 小时内，肌内注射促性腺素释放激素或人工合成类似激素促排 3 号 200～4 000 微克，情期受胎率有望达 67.1%。正常排卵母牛注射促性腺素释放激素或人工合成类似激素促排 3 号 3 000～3 200 微克后，情期受胎率将会提高 25%。

(12)子宫保健 对于子宫收缩较差、僵硬但子宫容积不异常大的奶牛，子宫内注入 50%葡萄糖溶液，通过子宫体内的渗透压来改善子宫内环境，这一方法对伴有卵巢静止的奶牛有一定疗效。另外，在实施人工授精后 12～24 小时内，子宫内注入 50%葡萄糖溶液可提高情期受胎率。对于难受孕的奶牛可在实施人工授精后，子宫体内注入 50%葡萄糖溶液 80～100 毫升和 160 万单位青霉素 1 支，同样可提高情期受胎率。

对屡配不孕的奶牛，用 50%葡萄糖溶液加青霉素 80 万单位、链霉素 100 单位，均匀混合后，一次子宫内注入，受胎率可提高 27.5%。

对患有子宫炎的奶牛，在实施人工授精后，一次子宫注入“宫得康”2 支，均可治愈，且受胎率可提高 28%以上。

(13)喂服中草药 对发情奶牛，用益母草 90 克、南瓜叶

50克、红花40克，煎水灌服，连服2～3天，可使情期奶牛配种受胎率提高21%。

116. 如何减少奶牛的繁殖障碍疾病？

奶牛若是产后3个月以上不发情，或者在发情后实施人工授精，没有妊娠，即产后空怀天数高达90天以上时，这种状况即属于“奶牛的繁殖障碍疾病”。

减少奶牛繁殖障碍疾病的措施有：

(1)进行科学饲养管理

①科学饲喂，控制好膘情　奶牛在泌乳盛期会因能量负平衡引起膘情下降；泌乳后期和干奶期因饲喂过度会引起过肥，过肥过瘦对奶牛的繁殖方面均不利，分阶段进行日粮合理搭配是消灭体况瘦弱和膘情过肥的牛，解除繁殖障碍疾病牛的第一步。

②创造良好的饲养环境　奶牛对寒冷气候具有较强的抵抗力，但不耐高热和高湿。气候越湿热其发情越迟钝，繁殖障碍病越多，因此奶牛场夏季防暑降温工作非常重要。

③奶牛的肢蹄管理致关重要　奶牛四肢和蹄是支撑庞大体躯的支柱，只有蹄健康，才能保证身体强壮，进而保证正常的繁殖性能。定期进行修蹄和药浴蹄工作致关重要。

(2)搞好奶牛的环卫工作

①防止环境中的细菌感染　加强产房的卫生管理。产后奶牛体质弱，对细菌的抵抗能力降低，细菌很容易由产道侵入体内，造成感染。为减少繁殖障碍牛，首先要防止产后细菌感染。

②授精员不要人为制造繁殖障碍牛　授精员在实施人工授精时要切实做好卫生消毒工作。授精器械、治疗器械须彻

底消毒，授精员须注意着装和手臂消毒，规范操作，以杜绝人为地造成繁殖障碍疾患。

(3)做好产后奶牛子宫恢复工作

①*正确处理产后胎衣不下* 奶牛产后胎衣不下原则上不用手进行剥除。硬性剥除会引起子宫体出血，导致败血症，引起子宫细菌感染的危险性极高。卵巢上有黄体存在时，说明前列腺素分泌量少。因此，要用前列腺素治疗恶露滞留效果较明显。

如果宫颈复旧较快，只能容两指进入子宫颈口，甚至更窄，也容易造成恶露滞留，此时应先用雌激素使宫口张开，再用缩宫素，使恶露排出，但不管怎样应先向子宫注入抗菌素类药物，如土霉素、四环素及复方抗菌素等药。

净化母牛子宫可用抗菌素类药物，必要时全身给药。常用的药物剂型有：子宫泡腾类药物、针剂、粉剂、复合剂等。在给药时最好加一些抗滴虫的药物。

②*产后及时治疗* 在牛产后第 2 天进行检查，并做好记录，视情况给予药物处理；产后 7 天对有炎症的牛及时诊治。只有早治疗，子宫才能尽快复旧，进入下一个繁殖周期。奶牛产后自身具有自然恢复能力，因此在奶牛产后 15 天以内治疗恐怕会对奶牛子宫、卵巢的自然恢复能力产生阻碍，其结果都是人为地减缓奶牛产后子宫的复旧。但对难产的母牛，人为助产的母牛，必须在产后给予检查或子宫体内投药，特别是暑夏时节，白天气温高，产房湿度大，最好向子宫体内投入泡腾型的抗生、消炎类药物。产后 7 天内必须对奶牛进行产后检查，暑夏时节可以提前到产后 3 天进行。

(4)实施人工授精后，开展早期妊娠鉴定工作 在大部分奶牛饲养场，尽管都讲“实施人工授精后 60 天进行母牛妊娠鉴定”，实际上进行的是“实施人工授精后60～90天进行母牛妊娠鉴定”。尽管100%检出了空怀母牛，但是在90天里没有采取任何诊治措施而耽误了时机。实施人工授精后妊娠检查的时间过长，也是造成奶牛繁殖成绩低下的原因之一。实施人工授精后的牛，要注意观察是否妊娠，尽早发现未孕牛进行补配。一般人工授精后45天进行早期妊娠鉴定。

117. 如何判断母牛是否妊娠？

(1)外部观察法 奶牛妊娠期为280天左右。母牛怀孕后，其外部表现首先是周期性的发情停止，也就是不发情。采食量增加，营养状况改善，被毛光亮。怀孕5个月以后，腹围逐渐增大，产奶量下降，在右侧腹壁可看到时有突起的胎动。妊娠到6～7个月时，用听诊器可以听到胎儿的心跳，胎儿心跳比母牛快，每分钟达110～150次。妊娠后期乳房膨大，阴门浮肿，臀部塌陷。外部观察法能在一定程度上反映母牛的受胎效果，但准确性比较差，而且不能早期确定母牛是否妊娠。

(2)阴道检查法 阴道的某些变化，常作为妊娠诊断的依据之一，主要观察阴道黏膜色泽，黏液性状，及子宫颈的形状和位置等。妊娠后，阴道黏膜由粉红变为苍白，无光泽，表面干燥。妊娠2个月后，子宫颈附近有浓稠黏液，妊娠3～4个月后，黏液量增加并更浓稠似糊状。同时阴道收缩，插入开膣器有阻力，子宫颈口紧闭，被灰暗浓稠的液体封闭，形成子宫栓。子宫颈口的位置，随妊娠时间的增加，从阴道正中向下方移位，有时也会偏向一侧。

(3)直肠触诊法 是目前判断母牛是否受孕最经济而准确的方法。适用于受孕1个月以上妊娠母牛的检查。具体操作方法是：用手隔着直肠壁直接触摸母牛的子宫和卵巢，根据子宫和卵巢的变化以及有否胎儿来确定母牛是否受孕。妊娠30天左右的母牛，子宫颈位于骨盆腔内，子宫角位于耻骨联合前端或略向腹腔垂入。孕角变粗、变软，略大于空角，仔细触摸，孕角内有长袋状液体波动感。孕角一侧的卵巢较空角侧的稍大，表面可摸到突出较硬的黄体，叫妊娠黄体（图8-3）。

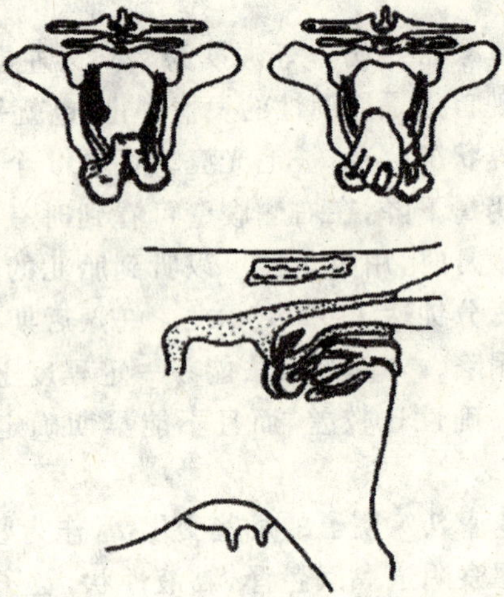

图8-3　妊娠30天子宫形态及直肠检查方法

母牛妊娠60天时，子宫开始移向骨盆腔前缘，子宫及卵巢开始垂入腹腔。孕角肥大呈香蕉形、游离扩张、紧张而有波动、宽度约6.5厘米，未孕角稍短。子宫组织松弛、柔软、含有大量液体。用手提子宫可感到有重量，其中似有内容物，但感觉不出胎儿（此时胎儿长约6厘米）。角间沟略变平坦，但能辨别出。抚摸子宫角，收缩缓慢、微软或完全无收缩反应，胎盘变大（图 8-4）。

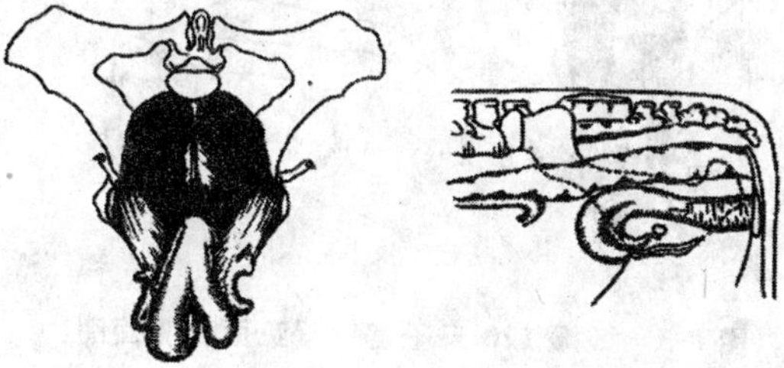

图 8-4 妊娠 60 天子宫位置正面及侧面图

妊娠 90 天，胎儿生长，胎水增多，子宫继续扩张增大，子宫角连接部紧张，孕角宽约 9 厘米，明显大于未孕角（未孕角约 4.5 厘米），呈拳击手套形。绝大多数奶牛的生殖器官仍在骨盆同一水平上，手仍能通过骨盆腔越过紧张的子宫角。可触摸到子宫体中似有棒球大小的块状物，这就是胎儿，用力压迫可触到似乒乓球大小的胎儿头部，甚至可以感觉出四肢，此时胎儿体长约 16 厘米。

妊娠近 120 天时，子宫扩张并下沉到骨盆腔前缘下方的腹腔内，必须将手伸得很深才能触到胎儿，此时胎儿体长 25 厘米，胎头同柠檬大小。若触不到胎儿，则可以将手收拢成梨状，轻轻触诊子宫体上的子叶，此时，可触到比较坚实的子宫阜或子叶，其直径约 40 毫米，为卵圆形。胎囊内液体下流聚积在子宫角顶端，子宫颈一部分仍位于骨盆腔内。除子宫位置、子宫内容物的变化有助于确定妊娠外，检查子宫中动脉也有重要意义，孕角侧子宫中动脉扩张增厚，粗细如铅笔，出现明显震颤，未孕角侧子宫中动脉较细，无明显的震颤（图 8-5）。

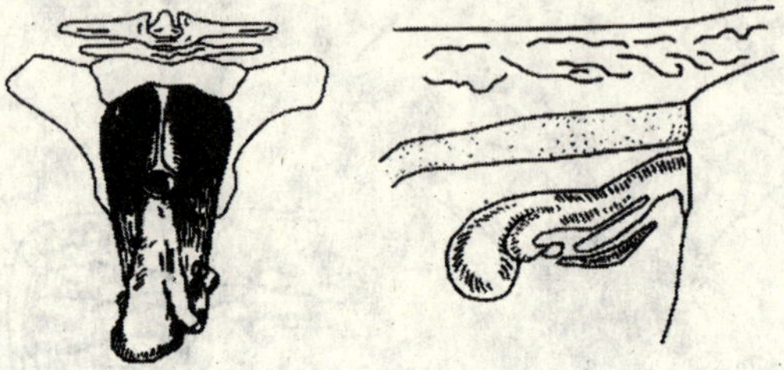

图 8-5　妊娠 120 天子宫位置正面及侧面图

妊娠 180 天左右时整个子宫移向腹腔底部，由于胎儿向前向下移，即使术者手臂尽量向下伸也难触到子宫，但可摸到子叶，大小似鸡蛋。两侧子宫中动脉均有震颤脉搏，但未妊娠侧较弱(8-6)。

(4)牛奶酒精反应法　此法是通过鉴定受配母牛的鲜奶，以判断其是否受孕。其方法是：取被检母牛奶 5 毫升，吸入玻璃器皿中，然后加入 95% 的酒精 1 毫升。如奶样在 5 分钟之内凝结，即视为妊娠阳性奶，该牛则被认为是怀孕牛，反之，则为空怀牛。此法适用于人工授精后 40 天左右的母牛。

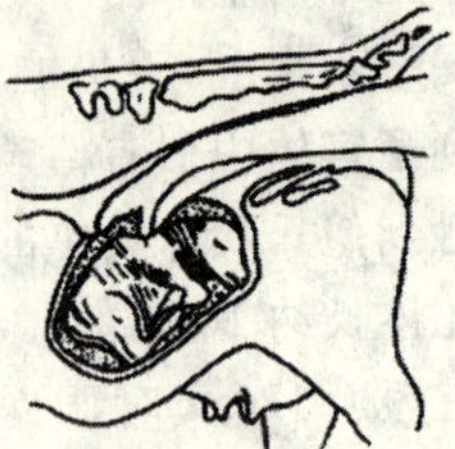

图 8-6　妊娠 180 天子宫位置及检查方法

(5)硫酸铜溶液诊断法　取被检母牛奶(常乳和末把乳各 5 毫升)10 毫升，混匀，用吸管取奶样 1 毫升置于平皿中，滴入 3% 硫酸铜溶液 1～3 滴，轻轻摇动后观察，奶样出现云雾状沉淀即为妊娠，反之则为空怀。

目前判断母牛是否受孕最准确而有效的方法是直肠触诊法。

118. 怎样推算母牛的产犊期?

从母牛配种受胎至胎儿产出这段时间称为妊娠期。奶牛的怀孕期平均280～285天，妊娠期的长短，与牛的品种、年龄、胎儿、性别、数目以及环境因素有关。早熟培育品种的妊娠期一般稍短，而晚熟的原始品种的妊娠期一般稍长。另外，青年母牛的怀孕期比经产母牛短3天，怀母犊的牛比怀公犊的牛短2天，怀双胎比怀单产短4天。在营养不足的情况下，母牛妊娠期稍长。

母牛产犊期的推算，以最后一次实施人工授精日算起，加上平均怀孕天数，即为该牛的预产期，可采用“月减3、日加6”的方法推算。就是说预产月份为配种月份减去3；预产日期为配种日期加6。

例如，某母牛6月18日配种，则预产期为：

预产月份＝6－3＝3(月)

预产日期＝18＋6＝24(日)

即该牛预计翌年3月24日产犊。

当配种月份小于3时，预产月份的计算方法是，配种月份加12再减3；当配种日期加6大于当月天数时，则将该月的天数减去，余数就是下月的预产日期。

119. 如何提高奶牛的繁殖力?

繁殖力是指动物维持正常繁殖功能生育后代的能力。要提高动物的繁殖力，首先应在保证正常繁殖力的前提下，采用先进的繁殖技术和措施，争取达到或接近最大繁殖潜力。

(1)加强选种选育，选择繁殖力高的公、母牛做种畜 繁殖力受遗传因素影响很大，不同品种和不同个体的繁殖性能也有差异。每年要作好畜群的更新，对老、弱、病、残的母牛应有计划的淘汰。提高适繁母牛的比例(一般是50%～70%)。

(2)科学的饲养管理 加强种畜的饲养管理是保证种畜正常繁殖功能的物质基础。营养缺乏会使母牛瘦弱，内分泌活动受到影响，性腺功能减退，生殖功能紊乱，常出现不发情、安静发情、发情不排卵。

(3)保证优良的精液品质 繁殖力的高低，公、母牛承担各半。品质优良的精液是保证得到理想繁殖力的重要条件。因此，首先饲养好种公畜，保证全价营养，同时合理利用，配种不宜过频，加强种公畜运动，定期检查精液品质。

(4)做好发情鉴定和适时配种 发情鉴定是掌握适时配种的前提，是提高繁殖力的重要环节。只有做好发情鉴定，才能确定适宜的配种时间，防止误配和漏配，提高受配率和受胎率。

(5)遵守操作规程，推广繁殖新技术 繁殖技术有严格的操作规程，遵守操作规程可提高繁殖率。

繁殖新技术的推广应用为提高奶牛繁殖力发挥较大的作用。

推广早期妊娠诊断技术，可防止失配空怀；

推广人工授精和冷冻精液技术，可大大提高优良种公畜的繁殖效能；

推广胚胎移植技术，可大大提高优良母牛的利用率，充分发挥母牛的繁殖潜力；

合理应用生殖激素，可以诱发母牛发情，提高母牛的排卵率及恢复正常繁殖机能。

响产仔数和繁殖力的
牛达 20%～40%，猪
力的一个有效手段。
高繁殖力是技术工作
所以必须有严密的组
术队伍，定期培训、及

什么意义？

，奶牛只有经配种、怀
周期是一年产一胎，即
减去 60 天干奶期，一
的胎间距可以适当缩
后期的产奶量较低。高
产奶牛的泌乳期较长，
的胎间距范围为 340～
0 天，产后适宜的配妊
胎次产奶量，胎间距过

去了饲养价值，而不得不
占成奶牛淘汰数比例的
的比例最高。所造成的
乳房炎造成的经济损失，
奶牛产奶量和增加饲养

情的比例，可粗略反映受

胎牛的多少。

不返情率

一般情况下 30～

不返情率为 60%～65

经 4 个月不返情则相当

(2)配种指数 每

母牛为 1.84。

配种

(3)情期受胎率

映配种技术水平。

情期受胎率＝——
按情

(4)繁殖率 按产

繁殖率＝

(5)繁殖成活率 按

繁殖成活率＝

121. 影响奶牛

影响奶牛受胎率的

健康状况、奶牛饲料及营

候环境因素和配种员的

情、配种因素如下。

(1)发情周期 发情

正常范围18～25 天的情

下和 25 天以上的情期受胎率为 46%。

(2)发情后排卵时间 发情后 12～36 小时排卵的情期受胎率为 62%，发情后 12 小时以内和 36 小时以上排卵的情期受胎率为 43%，前者比后者高 19 个百分点。

(3)奶牛子宫状况 子宫正常与异常的奶牛情期受胎率分别为 62%和 46%，前者比后者高 16 个百分点。

(4)季节 冬春季发情配种奶牛受胎率高于夏、秋季。

(5)输精次数和时间 奶牛情期内输精 1 次的情期受胎率为 60%，母牛情期内输精 2 次的情期受胎率为 58%，二者差异不显著。

(6)输精部位 最好输到子宫体或子宫角基部，输精到子宫角深部的受胎率反而比子宫角基部的受胎率要低。

122. 奶牛产犊前有哪些症状?

(1)乳房膨大 产犊前 7～10 天左右，乳房急速膨大，至产犊前 2～3 天，乳房发红、肿胀，乳头皮肤胀紧，当能挤出白色初乳时，分娩可在 1～2 天内发生。

(2)外阴部肿胀 外阴部潮红、肿胀、松弛，皱褶消失，黏液增多、湿润，封闭子宫颈口的黏液变软，分娩前 1～2 天呈透明絮状物流到阴门外。

(3)骨盆韧带松弛 在分娩前 1～2 天，骨盆韧带已充分软化，从外部还明显看到尾根两侧肌肉下陷，使骨盆腔在分娩时能稍增大，为顺利分娩做好准备。

(4)行为表现 临近产犊的母牛，食欲减退或完全消失，起卧不安，常排出少量粪便，有时出现前躯阵痛，不时地回头顾腹、轻轻举尾等。

123. 怎样给奶牛接产?

(1)准备好产房 产房要求打扫干净,用2%火碱水喷洒消毒,铺上清洁、干燥的垫草。冬季寒冷时应准备火炉等取暖设备。

(2)备好消毒药物 常用药物有来苏儿、碘酊、高锰酸钾、干净纱布等,以备断脐后消毒脐带用。初产母牛应提前联系兽医,准备好助产器械,以防难产。

(3)母牛临产时,要有人昼夜看护

(4)接产方法 奶牛分娩分为开口期、产出期和胎衣排出期。开口期约为6小时,产出期40分钟左右,胎衣排出期在产犊后的6～8小时。

分娩开始时,先用温水或来苏儿水清洗、消毒外阴部,用抹布擦干后躯。一般胎膜水泡露出后10～20分钟,母牛多卧下,这时要使牛向左侧卧,以免胎儿受瘤胃压迫而影响分娩。胎位正常的母牛阵缩、努责30～40分钟可产犊,不必人工助产。

母牛阵缩、努责弱的,经30～40分钟不能自产的,要及时助产。

头部正产的犊牛应是两前肢托着头先出来,尾部正产的是两后肢先出来。

正确的助产方法是:当胎儿头露出阴门外,胎膜未破的,先将其剪破,以免胎儿窒息死亡。但也不能过早"破水",免得产道干涩,难于产出。当头部通过阴门后,要注意保护阴唇,防止阴唇联合撕裂。一般的助产方法是用消过毒的细绳拴住胎儿两前肢球节(或两后肢球节),交助手拉住,助产者双手伸进产道,用拇指插入胎儿口角,捏住下额,伴随着母牛努责的劲一块用力拉(两条腿交替着拉),用力的方向应稍向奶牛臀部后下方。当胎头通过阴门后,一方面拉的动作要缓慢,防止子宫内翻或脱出。另一方面用双手捂住阴唇及会阴,避免撑破。胎儿腹部通过阴门后,要用手捂住胎儿脐孔部,防止脐带断在脐孔内,并延长断脐时间,使胎儿获得更多血液。

胎儿产出后如胎衣不破,应立即用手撕破,以免牛犊憋死。犊牛娩出后首先把牛犊口腔、鼻腔的黏液清除,便于呼吸,然后用毛巾把牛犊全身擦干,脐带往往自行扯断,也可剪断后涂些碘酊消毒。再把牛蹄底软蹄剥掉,以便站立,然后把犊牛放入备好的培育栏(舍)里。分娩母牛胎衣在产后6～7小时即可娩出,若超过10小时还未排出,要及时请兽医诊治。胎衣排出后,要及时清除,不能让母牛吞食。用来苏儿水洗外阴部,和拭洗从阴道中流出的恶露并消毒。

124. 怎样对难产奶牛进行助产?

(1)胎儿太大 有绝对过大和相对过大之分。绝对过大是母畜骨盆正常而胎儿体型特大,导致娩出困难。相对过大,是骨盆狭窄而胎儿正常,致使不能娩出。

胎儿过大的助产,是通过人工协助,强行拉出胎儿。子宫颈口已完全开张,非骨盆腔狭窄的娩出困难,在确诊胎儿的姿势、位置、方向是正常的或矫正后正常的才可强行拉出。胎儿正生时,先将胎儿两前肢分别缚以产科绳,术者手伸入产道,将拇指插入胎儿口腔,握住下颁骨体,趁母畜不努责之际,连同两前肢拉出产道。如胎儿已死,可用短柄产科钩钩住下颁骨体或后鼻孔,钓的柄环上穿以绳索,边牵拉胎儿,边扩张产道,拉出胎儿。如上述方法牵拉胎儿仍有困难,也可先将胎头拉出,然后分别拉出前肢。牵拉时不应同时拉动两前肢,应分别拉出，使两前肢彼此错开，从而使两肩端之间成为斜向，易使胎儿通过骨盆腔（图 8-7）。在牵拉过程中，助手也可用力下压胎儿胸部，使胸围减小，以防阴门撕裂，使分娩顺利完成。

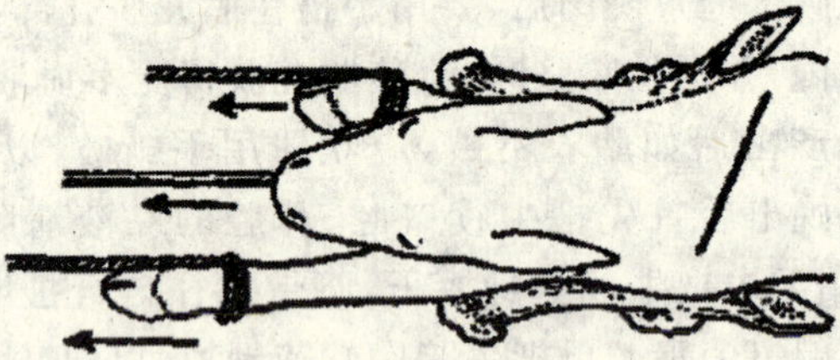

图 8-7　使肩端错开拉出胎儿

倒生时牵拉胎儿使后躯略有扭转，因母畜骨盆腔的上下内径通常大于左右横径，扭转后的胎儿臀部易于通过骨盆腔（图 8-8）。

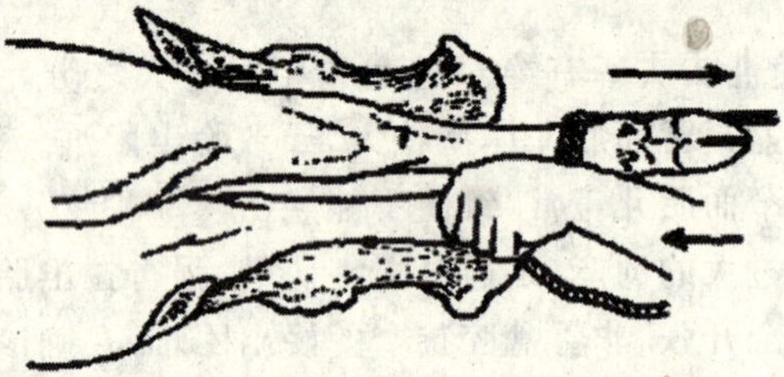

图 8-8　扭转后躯拉出胎儿

(2)子宫扭转　常见的产道性难产的一种。子宫扭转的程度多为 90°～180°，个别病例也可达 360°。奶牛的子宫扭转方向以向右扭转较多。根据患牛临床病相、阴道及直肠检查结果，可确诊子宫扭转。

母牛临产时，有正常的分娩预兆，接近分娩时出现不安和腹痛，前蹄刨地，回顾腹部，后肢踢腹，拱腰，频频努责，但看不到胎膜、胎水和胎儿排出。阴唇肿胀向阴门内陷入。

阴道检查，宫颈口开张不全或紧闭，阴道壁紧张，局部黏膜紫红色，前端（宫颈膣部）有螺旋状皱襞，用管状带光源开膣器观察，清晰可见。

直肠检查，手伸入直肠深处，有不是直通而是转向一侧的感觉，可摸到子宫皱襞，扭转一侧的子宫阔韧带紧张，而另一侧的松弛，阴道呈螺旋形皱褶，使子宫拉紧。

①产道矫正：对子宫扭转较轻，不超过 90°者，可在后海穴注射 1%盐酸普鲁卡因（图 8-9），将牛麻醉后，术者将手伸入母牛产道，抓住胎儿肢体，向扭转的对侧翻转。若胎儿较小，一般能成功。

②滚转矫正：地上垫软草，一根绳倒牛法放倒母牛，把前后肢分别捆住，子宫若向右侧扭转，则取右侧卧；子宫若向左侧扭转则取左侧卧。3 人分别保定前后肢和牛头。保定好后，猛然同时拉前后肢，急剧把牛翻向对侧（右侧卧时翻转至左侧，左侧卧时翻转至右侧），然后进行产道检查，若胎水流出，手伸入产道无扭转感觉，则表明翻转矫正成功；如仍有扭转，可慢慢使牛翻转回原侧卧方向，然后重复上述翻滚，直到矫正成功为止（图 8-10）。如果母畜挣扎不安可以做适当的麻醉，以便于操作。

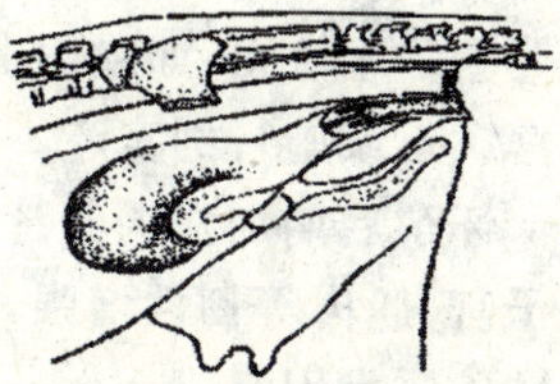

图 8-9　难产母畜后海穴浸润麻醉

翻转母体前必须检查母牛状况，若因发现不及时、产程过长，母牛已濒临衰竭，不宜翻转矫正；扭转方向判别必须准确

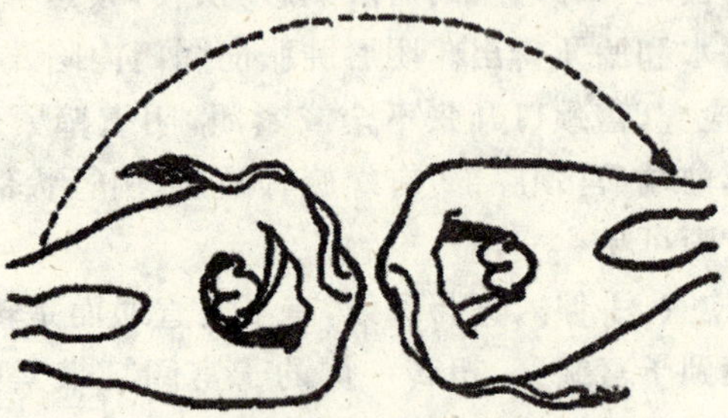

图 8-10 矫正向右扭转的子宫

母畜右侧卧，迅速使其转为左卧

无误，否则翻转不当会加剧扭转，造成不良后果；放倒母牛时动作要轻，地面必须垫上厚垫草，以防跌伤母牛，甚至引起子宫破裂。

③手术矫正：如果用上述方法难以矫正，请兽医人员进行剖宫矫正或施行剖宫产。

怀孕后期加强饲养管理，适当增加营养，增加运动量，可使子宫、肌肉等韧性增强，怀孕后期避免急起急卧，减少子宫捻转的诱发因素。

(3)胎位不正 胎儿上下颠倒（背朝下、腹朝上），分正生下位和倒生下位。分娩时先露出蹄底向上的蹄子，很容易判断。接产时须将胎儿全部推回子宫，做纵向 180°的回转，使其变为上位或轻度侧位再拉出；也可以采用固定胎儿，翻转母畜的办法矫正。绝不能把上下颠倒的犊牛强拉出来。如矫正无效，应该做剖宫产手术。

(4)胎儿头弯向后面 胎畜两腿已伸出产道，而头颈弯向一侧，不能产出，术者将手伸入产道检查即可摸到。助产时，先将已伸出产道的两肢送回子宫，然后用手沿着胎儿的腹侧伸入，至胎儿唇端时用手兜着胎儿下颌，用助产叉顶住胎儿的肩部。此时，术者的手在将胎儿头部拉出伸直的同时，另一手用助产叉将胎儿躯干顶进，作用力相反，这样才能比较容易地把犊牛推入子宫并矫正头。手臂操作有困难时，可用助产叉配合绳套矫正（图 8-11）。

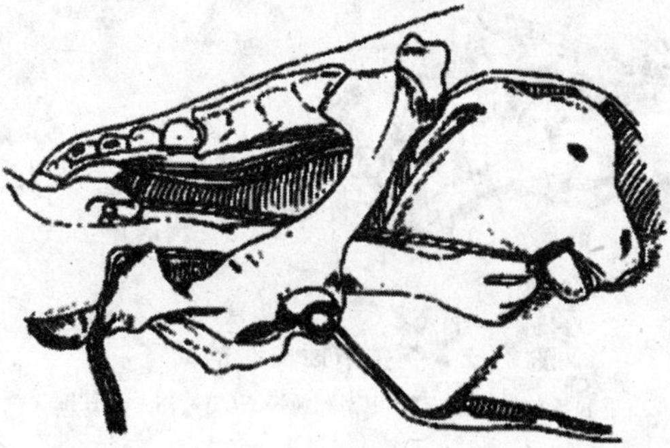

图 8-11　头颈侧弯时用绳套矫正

(5) 胎儿前肢朝后　把犊牛推回子宫并轻轻地一只腿一只腿进行矫正（图 8-12，图 8-13）。

(6) 倒生但尾巴先出来　先把犊牛推入子宫，然后把后肢一只一只地拉出来，有时候需要用绳系住飞节，然后滑向球节，当把尾根往里推的时候可用绳索轻轻地把球节拉出来，一只拉出后拉另一只。由于拉出两后肢过程中很容易撕破子宫，因而动作要轻，用力要均衡（图 8-14）。

(7) 倒生且上下颠倒　先把犊牛推入子宫，把上下颠倒先校正过来，然后进行倒生助产。

一般情况下，经产母畜都能自然分娩。对于需要助产的

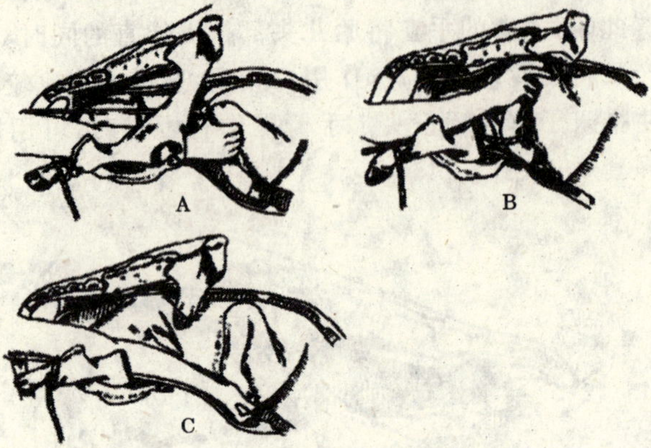

图 8-12　腕关节屈曲时的助产

A. 用手和推拉梃矫正　B. 用手和绳矫正　C. 用手抓住蹄尖矫正

图 8-13　肩关节屈曲时的助产

A. 矫正第一步　B. 矫正第二步

图 8-14　跗关节屈曲时的矫正

母畜，助产太早或太晚都是有害的。助产应等子宫颈完全开放，让其自己分娩30分钟左右，如果30分钟后分娩没有什么进展，可注射3毫升(60～100IU)的催产素以帮助子宫收缩。为了滑润产道和保护黏膜，可注入消毒的石蜡油。

助产时奶牛子宫收缩时才可牵拉，否则会拉破子宫。只能1～2个人牵拉，如奶牛站着应朝下拉，如躺着应朝后肢方向拉，不要连续牵拉，应随着奶牛子宫的收缩有节奏地牵拉。

奶牛产后应充分饮水、舔舐犊牛，有助于母牛释放催产素以促进子宫的收缩、胎衣的排出和泌乳。

125. 如何急球新生犊牛窒息？

新生犊牛窒息，又称新生仔畜假死，即刚产出的仔畜呼吸障碍或无呼吸动作，仅有心跳。主要是因为气体代谢不足或胎盘血液循环障碍。分娩时间拖长或胎儿产出受阻；早期破水；胎儿倒产时脐带受到压迫；阵缩过强或胎儿脐带缠绕等引起胎儿严重缺氧，二氧化碳急剧蓄积，刺激胎儿过早地呼吸，以致吸入羊水而发生窒息。分娩前母牛患有某种热性病或全身性疾病，同样能使胎儿缺氧而发生窒息。早产胎儿也易发生窒息。

犊牛窒息症状一种为绀色窒息，另一种为苍白窒息。处理方法是：

倒提仔畜，抖动并轻拍和按压胸腹部，同时用布擦净鼻孔及口腔内的羊水，促使呼吸道内黏液排出。

将其背部垫高、头部放低，有节律地按压仔畜胸腹部，进行人工呼吸或输氧。

应用刺激呼吸中枢的药物，如山梗菜碱5～10毫升，或25%尼可刹米1.5毫升，一次性肌注。

窒息缓解后，可静脉注射5%碳酸氢钠液50～100毫升，或抗生素，防治继发疾病。

126. 初产犊牛如何护理？

犊牛产出后，要立即用干抹布将口、鼻的黏液擦净，以利呼吸。若假死，应速将小牛两后肢提起，倒出咽喉部羊水，并进行人工呼吸。脐带自己断裂的，在断处用5%碘酊充分消毒，未断的可距腹部10厘米左右处拉断(最好用手先捻细拉断)，然后用碘酊消毒。冬天应先擦干犊牛身上黏液，避免犊牛着凉。将犊牛蹄底软蹄剥掉以便站立。应允许母牛舔犊，对母牛排奶、排除胎衣和产后身体恢复有促进作用。尽早帮助犊牛吃上初乳。

127. 母牛产后如何护理？

(1)产后饲养管理 母牛产后因失水较多，所以应在胎儿产出后喂给其温热、足量的麸皮、盐、钙稀粥15千克左右(麸皮1～2千克、食盐100～150克、碳酸钙50克)，可起到暖腹、充饥、增腹压的作用，有利于胎衣的排出和体力恢复。注意食盐喂量不可过大，否则会增加乳房水肿程度，同时喂给母牛优质、软嫩的干草1～2千克。产后2～3天开始喂料，逐渐加量至5～7天后按泌乳标准给量。

分娩后要尽早驱使母牛站起，以减少出血，也有利于生殖器官的复位，防止子宫脱出。可牵引母牛缓行15分钟左右，以后逐渐增加运动量。

(2)产后监护 产后3小时内注意观察母牛产道有无损伤、出血，发现损伤出血及时处理。产后6小时内注意观察母牛努责情况，若母牛努责强烈，要检查是否还有胎儿未产出，并注意是否有子宫脱出症兆。产后12小时内注意观察胎衣排出情况。产后24小时内注意观察母牛恶露排出的数量。产后3天内注意观察母牛有无产后瘫痪症状，发现瘫痪症状要及时治疗。产后7天左右注意观察母牛恶露排出程度，发现恶露不净或腐败要及时治疗。产后15天左右注意观察母牛子宫分泌物是否正常。产后30天左右通过直肠检查母牛子宫复旧情况，发现子宫复位不全要及时治疗。产后40～60天注意观察母牛产后第一次发情是否正常。

(3)产后乳房护理 产犊的最初几天，母牛乳房内的血液循环及乳腺泡的活动控制与调节均未达到正常状态，乳房肿胀厉害，内压也很高，所以高产奶牛绝对不能把乳房中的奶全部挤净，否则会因乳房内压的显著下降，引起微血管渗漏现象加剧，血钙、血糖大量流失，进一步加剧乳房水肿，引起高产奶牛的产后瘫痪，重者甚至可造成死亡。一般原则是产后第一天只挤2千克左右，够牛犊哺乳即可，第二天挤泌乳量的1/3，第三天挤泌乳量的1/2，第四天后可挤净。对于低产母牛和产后乳房没有水肿的母牛，产犊后的第一天就可将奶挤净。

对产后乳房水肿严重的母牛，每次挤奶后应充分按摩乳房，并热敷乳房5～10分钟(用温热硫酸镁、硫酸钠混合溶液最好)，以促进乳房水肿消失。母牛产后若同时喂饮温热益母草红糖水(益母草500克，加水10升，煎成水剂加红糖500克)，每日1～2次，连服2～3日，对牛恶露排净和产后子宫复原有促进作用。

128. 同期发情对生产有何意义?

对母牛发情周期进行同期化处理的方法称为同期发情或同步发情。

同期发情对生产有以下意义：

(1)有利于加快人工授精技术的推广和普及 同期发情处理之后，定时进行人工授精，不必考虑发情表现，可以省去繁琐的发情鉴定操作。所以，生产中可将不同地点的畜群分为若干批，按预定的日程进行同期发情处理、定期配种，以克服实际生产中各种不利条件的限制和影响。

(2)利于科学、合理地组织生产 同期发情利于生产，提高经济效益。由于配种时间相同，母牛妊娠、分娩和幼畜的培育在时间上相对同步，利于商品家畜成批量、大规模的生产和销售，利于组织生产，有效调配生产资源，节约劳力和费用，降低生产成本，提高经济效益。

(3)提高家畜繁殖率 同期发情也能使乏情状态的母牛出现性周期，表现发情；对因持久黄体长期不发情的母牛用前列腺素处理后，生殖功能得以恢复，从而提高奶牛繁殖率。

(4)胚胎移植技术的基础 胚胎移植技术中，供体和受体牛生殖器官的孕向发展的同一性，是胚胎移植成功的重要基础和基本生理条件，因此，同期发情是胚胎移植技术不可缺少的条件和基础。

129. 如何实现母牛的同期发情？

用于奶牛同期发情的方法有孕激素法和前列腺素法。

(1)孕激素法

①**埋植法** 把一定量的孕激素制剂装入塑料细管中，管壁有小孔，以利于药物向外释放进入体组织。用套管针或者埋植器将药管埋入耳背皮下，经过一定天数，在埋植处做切口将药管取出，同时注射 PMSG 500～800 单位。也可将制剂装入硅胶管中埋植，硅胶有微孔，药物可渗出。用量依药物种

类而不同,18 甲基炔诺酮为 15～25 毫克,埋植时,只需将药芯推出至皮下即可。

②阴道栓塞法　栓塞物为泡沫塑料块或硅胶环。后者为一螺旋状钢片,表面敷以硅胶,其中含一定量的孕酮或孕激素制剂。将栓塞物放在子宫颈外口处,激素向外释放。处理结束时,将其取出或同时注射 PMSG。

③口服法　对于舍饲奶牛,口服孕激素也是可行的。孕激素处理结束后,在第二、第三、第四天大多数母牛有卵泡发育并排卵。

用孕激素进行周期发情处理有短期(9～12 天)和长期(16～18 天)两种。长期处理后,发情同期率较高,但受胎率偏低。短期处理后,发情同期率较低(一部分母牛可能仍处于天然黄体期),但受胎率接近或相当正常水平。如在短期处理开始时,肌注 3～5 毫克雌二醇(可使黄体提前消退并抑制新黄体的形成)和 50～250 毫克孕酮或生理效能与此相应的其他孕激素制剂(阻止即将发生的排卵),这样就可提高发情同期化的程度。使用硅胶环时环内附有一胶囊,内装上述量的雌二醇和孕激素,以代替注射。胶囊在体内很快融化,激素即进入体组织。

(2)前列腺素法　前列腺素的投药方法有子宫注入和肌内注射两种,前者用药量较少,效果明显,但子宫注入较为困难,肌内注射虽操作容易,但用药量需适当增加。

国产 15 甲基 PGF_{2a}和 PGF_{1a}甲酯均具有溶黄体作用,效价高于 PGF_{2a},用于同期发情处理,可取得预期的效果。注入子宫颈的用量为 1～2 毫克。高效 PGF_{2a}类似物制剂,如氯前列烯醇肌注 0.5 毫克即可。

当母牛在发情周期第 5～18 天(有功能黄体时期)肌内注

射前列腺素可产生发情反应。然而，对于发情周期第五天以前的新生黄体，肌内注射前列腺素并无溶解作用。所以，肌内注射前列腺素后，总有少数牛无反应，对于这些牛需作第二次处理。有时为了使一群母牛有最大程度的同期发情率，第一次处理后表现发情的母牛不予配种，经 10～12 天后对全群进行第二次处理，这时第一次处理后无反应的母牛和有反应的母牛均处于发情周期的第 5～18 天。故在第二次处理后母牛同期发情率显著提高。

用前列腺素处理，至出现发情的时间，一般比孕激素处理晚 1 天，即多数在处理后第 3～5 天发情。因为从投药至黄体溶解需要将近 1 天的时间。

(3)孕激素和前列腺素结合法 如果将孕激素短期处理与前列腺素结合起来，效果优于二者单独处理。即先用孕激素处理 9～10 天或 5～7 天，结束前 1～2 天注射前列腺素。如在结束孕激素处理当天注射前列腺素，出现发情的时间较晚，同期化程度较差。无论采用什么处理方式，处理结束时，配合使用 PMSG，可提高同期发情率和受胎率。采用前列腺素处理时，可在注射之前 2 天先注射 PMSG，这样可使发情时间提前且较集中。在前列腺素处理后、输精前 5～6 小时(或更早)注射 GnRH 100～200 微克，或在注射前列腺素之后 28～48 小时再注射雌二醇 200～500 微克，可以提高受胎率。

同期发情处理结束后，注意观察发情表现并进行输精。如发情时间集中，可不做发情鉴定，进行定时输精。采用定时输精，一般是在孕激素处理结束后的第二、第三或第三、第四两天各输精 1 次；前列腺素处理后，在第三、第四或第四、第五两天各输精一次。也可在最适时间输精一次。进行孕激素短期处理时，由于在处理开始时注射了雌二醇，所以投药后数日内母牛出现发情症状，但并非真正发情，故不要输精。

130. 如何进行诱发发情？

(1) 概念 诱发发情就是人为引起动物发情。指在母牛乏情期（如非配种季节乏情、泌乳期乏情和病理性乏情）内，借助外源激素、生理活性物质及其他方法（如环境条件的变化刺激）引起发情、排卵并进行配种，缩短母牛的繁殖周期，使之比在自然条件下提前配种，增加胎次，产生较多的后代，提高繁殖率。

(2) 方法 产后长期不发情或欲产后提前配种的奶牛以及一般的乏情母牛，用孕激素处理 1～2 周，可引起发情，如在处理结束时注射 PMSG 1 000 单位，效果更好。对于哺乳乏情的母牛，除上述激素处理外，还可采用提前断奶的办法，或二者结合进行。因有持久黄体而长期不发情的母牛可注射 PGF_{2a} 或其类似物，使黄体融解引起发情。

131. 什么是超数排卵？

超数排卵是指在卵泡发育的适当时期利用外源性生殖激素诱发卵巢功能活跃，使多个卵泡同时发育、成熟，排出具备受精能力卵子的技术。超数排卵可以提高优良奶牛的利用率，同时为胚胎产业化生产提供技术基础。

132. 如何进行诱发分娩？

(1) 概念 诱发分娩亦称引产，是在母牛妊娠末期的一定时间内，注射某些激素制剂，诱发母牛在比较确定的时间内提前分娩，产出正常的仔畜。

(2) 意义 可以使泌乳期时间与草场生长的旺季相一致，

从而保证较高的产奶水平。

能使上年受胎较晚的母牛，在今年较早时候配种受胎，在明年的适宜季节产犊。

使牛群的分娩时间集中，便于提供棚舍和安排饲养管理工作。

预防难产的发生。

牛的诱发分娩虽然经常并发胎衣不下和犊牛死亡，但从提高生产力和产品的经济效益上来看，仍具有较大的经济价值。虽然各地的自然条件、生产水平不尽相同，但在一定条件下仍然可以采用这一技术。

(3) 方法 牛的诱发分娩通常采用肌注糖皮质素或 PGF_{2a}，有时也可使用雌激素。糖皮质素类制剂包括地塞米松、氟米松和贝塔米松。常用的前列腺素为 PGF_{2a}（5～30 毫克）或其类似物氯前列烯醇（0.5 毫克）。

糖皮质素以其剂型不同分为长效（慢效）和短效（速效）两种，长效型是合成类固醇的悬浮液，或不溶性酯类。可在预产期前一个月左右注射，用药后 2～3 周诱发分娩。短效者为糖皮质素的酒精溶液或可溶性醇类溶液，它能诱发母牛在 2～4 天内分娩。在母牛妊娠 265～270 天内可使用短效糖皮质素，如一次肌注 20 毫克地塞米松即可达到引产目的。

催产素诱发母牛分娩，有时效果不好。用长效糖皮质素处理之后，或在母牛预产期前 1～2 天，使用长效催产素可有效地引起分娩。

诱发分娩虽已找到有效方法，但分娩若早于正常分娩期 1 周以上，则犊牛成活率降低。

133. 奶牛性别控制技术及其应用现状是怎样的?

奶牛性别控制是通过人为干预,使母牛按照人们需要性别繁殖后代的生物技术。

奶牛为单胎动物,与其他畜种相比,繁殖力低。因此,通过性别控制技术提高奶牛、特别是高产奶牛繁殖力,促使其多产优质母犊,是促进奶牛数量、质量提高的重要措施。

(1)性别控制的办法和途径

①输精前通过对精液进行特殊处理实现性别控制　哺乳动物的性别由染色体决定,雄性为 XY 型,雌性为 XX 型。卵细胞全部为 X 染色体,精液中含 X 和 Y 染色体的精子。精子中的 X 染色体和 Y 染色体分别与卵子结合形成 XX 或 XY 型合子,发育成雌性个体和雄性个体。因此,实施 X 和 Y 精子分离再进行人工授精,可以达到性别控制的目的。

目前,X 精子与 Y 精子的分离方法主要是物理分离法,包括沉淀法、电泳法、离心法、免疫法、流式细胞光度法等。目前只有流式细胞光度法具有重复性、科学性和有效性的特点。

实施 X 和 Y 精子分离的精液,生产中俗称性控精液。奶牛精液分离主要选择保留 X 精子,以满足生产更多母犊的需要。

②胚胎移植前对胚胎性别进行鉴定以控制性别　在胚胎移植前对胚胎进行性别鉴定,人为地选择某一性别的胚胎移植给受体,达到性别控制的目的。奶牛的两条性染色体的形态与常染色体不一样,其鉴别相对容易。雄性胚胎的性染色体为 XY 型,雌性胚胎的性染色体则为 XX 型。利用特异性探针检测法鉴别出胚胎的性别后再进行移植。

③控制外部环境实现性别控制　在自然交配情况下,精

子在母牛生殖道运行和受精过程中，所处环境的差异对所产犊牛的性别产生一定影响。

营养与年龄：母牛在长期营养不足或饲喂酸性饲料后多产雄犊。反之，饲料丰富或饲喂碱性饲料则多产雌犊。年老母牛常常多生雄性后代，中年母牛多生雌性后代，双亲都为中年牛多生雌性犊牛。

pH 值影响：Y 精子对酸性环境的耐受力比 X 精子差，而碱性环境则相反。当解冻液或母牛生殖道的 pH 值低于 6.8 时，Y 精子的活力减弱，减少了与卵子结合的机会，后代雄犊数少；反之，当 pH 值大于 7.0 时，后代雄犊增多。

控制授精时间：排卵前一定时间输精多产雌犊。

(2)性别控制的应用效果 性别控制技术现已较为成熟，但成本最太高。性控精液已投入生产使用，性别控制准确性较高，输精成功率普遍较低。控制受精环境来控制性别，目前还没有太成熟的技术，准确率较低，重复性较差。但由于方法简便、成本低廉，仍有利用价值。目前应用的主要方法有：

①精氨酸法 国内外大量实验证明，使用精氨酸对提高奶牛母犊比例有明显效果。用生理盐水稀释精氨酸成 10% 溶液，用灭菌的安瓿分装成每安瓿 1 毫升备用。母牛发情配种前在子宫颈内 3 厘米处输入精氨酸溶液 1 毫升，间隔 20～30 分钟后输精，产母犊比例在 70%以上。

精氨酸法具有取材容易、方法简单、操作方便、成本低廉、效果稳定等优点，利用价值很高。

②其他商品外源药物 有试验报道，使用性控药物（市售性控胶囊或针剂）改变母牛子宫内的生理环境，抑制 Y 精子的活力，增加 X 精子授精机率来控制性别，不会降低超排母牛胚胎的数量和质量，雌性率在 70%左右。

134. 胚胎移植在奶牛生产中有何意义？

胚胎移植是指将一头良种母牛配种后的早期胚胎取出，移植到另外一头同种的、生理状态相同或相似的母牛体内，使之继续发育成新个体，所以也称作借腹怀胎。提供胚胎的个体为供体，接受胚胎的个体为受体。胚胎移植产生的后代，遗传物质来自供体母牛和与之交配的公畜，而发育所需的营养物质则从受体获得，因此供体决定其遗传特性（基因型），受体只影响其体质发育。

奶牛生产中利用胚胎移植有重要意义。

(1)充分发挥优良母牛的繁殖潜力 自然条件下1头优良成年母牛一年只能繁殖1头犊牛，应用胚胎移植技术，一年可得到几头至几十头优良母牛的后代，大大加速了良种牛群的建立和扩大。

(2)诱发产双胎 发情的母牛配种后在排卵对侧子宫角内再移植一个胚胎。这样配种后未受孕的母牛可能因胚胎移植而妊娠，而受孕母牛则由于胚胎移植的而怀双胎。另外，也可对未配种的母牛在两侧子宫角各移植一个胚胎而怀双胎，从而提高生产效率。

(3)减少繁殖母牛的饲养头数

(4)可以代替种畜的引进

(5)保存品种资源

(6)利于防治疫病

(7)为科研提供研究手段

135. 什么是克隆技术，在生产中有何意义？

(1)概念 克隆(clone)一词源于希腊文“klone”，指用“嫩枝”或“插条”来繁殖植物。现在指从一个祖先通过细胞的无性繁殖形成的基因型完全相同的后代个体。克隆作为名词使用时，是指从一个祖先通过无性繁殖产生后代；当作为动词使用时，是指产生克隆个体的操作过程。克隆技术（cloning technique）是指从众多的基因或细胞群体中，通过选择和无性繁殖获得目的基因或细胞的技术。

克隆可根据其研究或操作的层次分为基因克隆、细胞克隆和个体克隆三大类。

(2)意义 克隆动物实验成功是生物学上一个重大贡献。它证明哺乳动物体细胞也有全能性；分化了的体细胞遗传信息没有丢失，而是基因表达调控的改变，不是不可逆的。

有助于对细胞周期和生物生长发育机理的研究，揭示了发育早期卵细胞细胞质对细胞核基因信息的表达有重要调节作用，对生命科学基础理论问题的探究有重要的意义。

有助于建立医学动物模型，生产生物活性药物，提供人体所需的内脏器官，用于器官移植或替换体内衰老及发生病变的器官。

能克服动物种间杂交繁殖障碍，培育良种，在优秀种公、母牛的纯种快速繁育扩群方面具有重大开发价值。

加快珍稀动物繁殖，使异种动物借腹妊娠、产仔，保护和抢救濒危动物。

九、奶牛疾病防治

136. 奶牛的正常生理指标是什么？

(1)体温　奶牛正常体温是38℃～39.2℃，小犊牛、兴奋状态的牛或暴露在高温环境的牛体温可达39.5℃或更高，超出这个范围均视为异常。

(2)脉搏　成年牛的正常脉搏为60～80次/分，犊牛为72～100次/分。多种环境因素和牛的状态，如运动、采食等均可影响脉搏的强度和频率。

(3)呼吸频率　成年牛安静时的正常呼吸频率为18～28次/分，犊牛为20～40次/分。正常呼吸的次数、深度受多种环境因素(气温等)和牛状态(运动等)的影响，呼吸的次数、深度、类型等可帮助诊断多种疾病。兴奋、运动、缺氧时呼吸的深度增加；代谢性酸中毒会导致呼吸深度和频率增加；胸、膈、前腹疼痛时，呼吸变得浅表。牛的正常呼吸应该是胸腹式，腹膜炎和急性胃扩张、瘤胃臌气、腹壁外伤、膈肌破裂、外伤及麻痹等疾病时会妨碍腹部参与呼吸运动，引发胸式呼吸，同样胸部及肺部疾患如急性胸膜炎、急性肺炎、胸积水、肺气肿和肋骨骨折等则发生腹式呼吸。

(4)消化系统生理指标　健康牛瘤胃蠕动次数每分钟1～3次，瘤胃内容物pH值5～8.1，一般为6～6.8；每昼夜反刍9～12次，每次约40～50分钟，每口咀嚼40～60次，每分钟嗳气17～20次。

137. 如何通过观察奶牛状况判断是否患病?

熟悉奶牛的饲养员通过观察奶牛精神状态，可以判断其是否患病。现将通过观察奶牛精神状态判断奶牛健康状况，整理成顺口溜如下：

前看吃，后看拉，体温变，神态差，鼻镜干，产量滑。

(1)前看吃 即看食欲。健康的奶牛食欲旺盛，吃草料时狼吞虎咽，吃饱后开始反刍(俗称倒沫)，在草料新鲜无霉变的情况下，如果发现奶牛对草料只是嗅嗅，不愿吃或吃得少，即是有病的表现。食欲饮欲的好坏是奶牛是否健康的重要标志。食欲不良、时好时坏多见于慢性消化器官疾病。食欲废绝见于各种严重疾病，常为预后不良征兆。食欲亢进见于重病恢复期及消化器官功能不良而体内营养消耗过多的疾病等。食欲反常、异食癖等多见于奶牛体内某些维生素、矿物质或微量元素缺乏及神经异常等。

成年奶牛一般每天饮水 70～120 升。饮水量增多见于奶牛严重下痢、大出汗、大出血、严重呕吐、渗出性胸膜和腹膜炎以及临床上使用了利尿剂以后。饮水量减少见于奶牛意识昏迷的中枢神经系统疾病。饮欲废绝见于奶牛患有严重脑病或其他严重疾病。

(2)后看拉 即检查粪尿情况是否正常。健康奶牛的粪便较稀，落地后有一定形状，并散发出新鲜的牛粪味，尿淡黄色、清亮。如发现大便形状干硬或腹泻拉稀，甚至有恶臭，并有血液和脓汁，尿颜色变黄或变红就是有病的表现。

正常奶牛的粪便具有一定的形状和硬度，软而不稀，硬而不坚，无异臭，排粪有规律。如排粪次数增多、粪便稀薄如水称为腹泻，多见于奶牛肠炎、结核病和副结核病。排粪减少，粪便干硬，或表面附有黏液多为便秘，多见于运动不足、前胃疾病、瘤胃积食、肠阻塞、肠变位、热性病及某些神经系统疾病。排粪失禁见于严重下痢、腰荐部脊椎损伤或炎症、脑炎等。排粪时奶牛呈现痛苦、不安、弓背甚至呻吟、哞叫，但不能大量排除粪便的，见于牛的创伤性网胃炎、肠炎、瘤胃积食、肠便秘、肠变位和某些神经系统疾病。

(3)体温变 即用体温计测直肠温度(正常温度为38℃～39.5℃)，如果体温超过或低于正常范围就是有病。

(4)神态差 观察牛的整体神态，健康奶牛的动作敏捷、眼睛灵活、尾巴不时摇摆，皮毛光亮。如果发现牛两只眼无神，皮毛粗乱、拱背、呆立，甚至颤抖摇晃，尾巴也不摇动就是有病的表现。

(5)鼻镜干 健康奶牛鼻镜露水成珠，分布均匀，表现不干不湿。在患急性发热性疾病时，鼻镜、鼻盘干燥甚至干裂，如牛梨形虫病、牛出血性败血症等。看鼻腔包括鼻黏膜和鼻漏的检查，一般呈浆性、黏性或脓性且具有恶臭味的鼻漏，多见于牛肺疫。

(6)产量滑 健康奶牛的产奶量比较平稳，如果产奶量突然下降，则是有病的征兆。以酮血病和乳房炎最为常见。

138. 奶牛耳、舌发生变化是哪些疾病的征兆？

健康奶牛两耳扇动自然灵活，经常摇动，手触温暖。病牛低头垂耳，耳不摇动，耳根部非冷即热。

健康奶牛口腔黏膜淡红，温度正常，无异味。病牛口腔黏膜淡白流涎或干涩，温度时冷时热，忽高忽低，有恶臭味。健康奶牛舌苔红润光滑，舌头伸缩强劲有力，温度正常。病牛舌苔多为黄、白或褐色，舌苔厚而粗糙，舌头伸缩无力，灵活程度差，舌温非高即低。口腔发红见于热性疾病，如急性传染病、肠炎等。口色青紫是血液循环高度障碍、缺氧及血液浓缩的结果，常见于严重症结的中、后期，肠变位、胆结石等。口色发白，多见于各型贫血、营养不良、寄生虫病、大失血、内脏破裂等。奶牛患放线菌病时，可见口腔黏膜肿胀、潮红、溃烂。当增大的肿块皮肤破溃时，可露出鲜红色的肉芽，上附脓液。当舌部受侵害时，因组织增生而肿大变硬，活动不便，被称为“木舌病”，病牛流涎、咀嚼、吞咽、呼吸困难、气喘。奶牛患炭疽病时，舌及口腔黏膜发生硬的结节，舌肿大呈暗红色，唾液中带血。奶牛患口蹄疫时，口腔检查可见舌部、齿龈处有粉红色溃疡面。

139. 如何保定奶牛？

保定的目的是限制牛的自身防卫行为，保障人畜安全，便于顺利进行诊疗。保定的要求是安全、迅速、简单、有效。

(1)接近奶牛 接近奶牛之前，首先要了解此牛的习性及有无恶癖，接近时注意观察牛的反应，有无惊恐、反抗、攻击的表现，以自然、温和的动作接近牛。

接近牛时应从其前方接近，不要从牛的侧后方或后方接近。接近牛后，首先控制住牛的头部，牵住缰绳或鼻钳，如无缰绳或鼻钳，可以抓住牛的鼻子并向上提，然后迅速上好鼻钳或缰绳。

(2)站立保定

①*压鼻保定法* 有徒手保定和鼻钳保定。保定时一手握住牛角，一手紧捏鼻中隔，或者用牛鼻钳夹住鼻中隔，牵引牛鼻向后上方提起。带有鼻环的牛，只要牵拉鼻环上的绳索即可。适用于病牛接受一般检查、灌药、肌内注射及静脉注射(图 9-1)。

②两后肢保定法　取2米长的粗绳一条，折成等长两段，于跗关节上方将两后肢胫部围住，然后将绳的一端穿过折转处向一侧拉紧，呈"∞"形。此法可用于恶癖牛的一般检查、静脉注射以及乳房、子宫、阴道疾病的治疗（图9-2）。

图9-1　徒手压鼻保定

图9-2　后肢"∞"缠绕保定

③柱栏保定法　分二柱栏、四柱栏、五柱栏、六柱栏多种。

二柱栏保定是将牛牵至二柱栏内，鼻绳系于头侧栏柱，然后缠绕围绳，吊挂胸、腹绳即可固定。此法可用于临床检查、各种注射及颈、腹、蹄等部位疾病的治疗。

六柱栏保定是将牛牵至六柱栏内，上好前后保定绳，系好头（鼻）绳，必要时可加背带和腹带（图9-3）。

(3)倒卧保定法

①提举牛前肢倒卧法　用一根长6～7米结实柔软的绳子，将绳子折成一长一短两段，在折转的部位做一个套结。在确定牛向哪一侧倒卧后，将绳子的套结套住准备倒卧一侧的前肢系部（蹄的上方）。绳子短的一端自牛前肢后方的腹下绕到牛另一侧，然后向上绕过牛背部再将绳端绕回原侧；绳子的长端缠绕在牛的背腰部，由两人牵引向后，令牛向前走一步，当前肢被套结的瞬间，三人同时用力拉紧绳索，牛即先跪下而

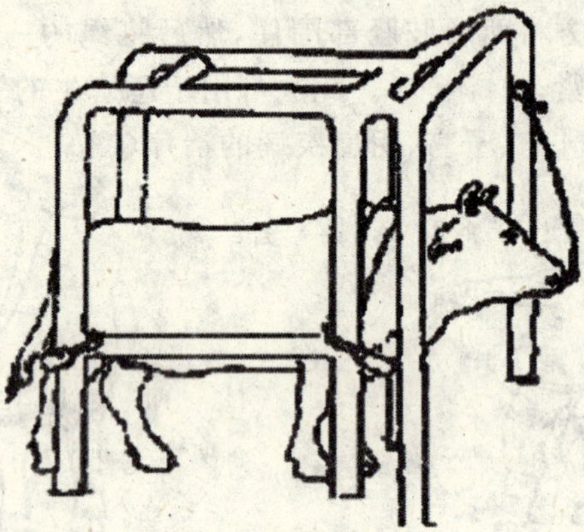

图 9-3　六柱栏保定

后倒卧；一人迅速固定牛头，一人固定牛的后躯，一人迅速将绳缠在腰部的绳套上向后拉并使其滑到两后肢的跖部并拉紧之，最后将两后肢与两前肢捆扎在一起。牛倒卧保定，主要用于大形外科手术(图 9-4)。

图 9-4　提举前肢倒卧法

②背腰缠绳倒卧法　较常用的是一绳倒牛法。在绳的一端做一个较大的绳圈，套在两个角的跟部，引绳向后，在牛的

胸部和腹部各做一绳套，绳套应放在倒卧的对侧，然后由2～3人向后牵引绳子，由另一人把持牛角，使牛头向下倾斜，前后同时用力，牛即可蜷腿而慢慢倒下。卧倒后注意保定头部，不能放松牵引紧的绳子，根据需要捆绑四肢(图9-5)。

图9-5　背腰缠绳倒卧法

140. 怎样给奶牛投药？

对于患病奶牛必须请兽医诊断处置。泌乳牛在正常情况下禁止使用任何药物，必须用药时，应首先选择使用中药治疗，在药物(尤其是使用西药)残留期间的牛乳不应作为商品牛乳出售，牛乳在上市前应按规定停药，应准确计算停药时间和弃乳期。不应使用未经有关部门批准使用的激素类药物(如促卵泡发育、排卵和催产等药剂)及抗生素。

奶牛投药方法有以下几种。

(1)直接经口投药　对于量少、对口腔刺激性不大的粉剂、片剂或丸剂药物，可以直接经牛口腔投服。投服药物时，要将牛头抬高，自其口角拉出舌头，然后，将药送至舌根后方，松开舌头，药即被牛自然咽下。也可以在药中加入适量的面粉和水，调成糊状后，打开牛的口腔，用木片或竹片抹到牛的舌根部，使其自然咽下。

(2)灌药瓶投药 灌药瓶为橡胶的最好，也可用普通的酒瓶代替。

将水剂的药物灌入药瓶，抬高牛头，自其口角处插入，然后分数次将药灌入牛口中，待牛自然咽下第一口后，再灌第二口，以免呛咳。

(3)胃管投药 所用器械为胃导管和漏斗。

①*经口腔插入胃管投药法* 用开口器打开牛的口腔，也可用一根直径5厘米、长约30厘米的木棒横于牛口中(至口角处)，用小绳将开口器或木棒拴系于牛角根加以固定。

打开牛口腔后，用质地较硬的胃导管送入牛口腔并顺其舌背面向里插，当胃导管前端抵住牛喉头后，可感觉到阻力，胃导管随牛的吞咽而顺势插入。胃导管正确插入食管的反应是：胃导管端没有牛呼吸的气流喷出；牛无呛咳现象；管内偶有酸臭味气体涌出，并带有水泡的响声。

当确定胃导管插入食管后，再向里插进50～70厘米，接上漏斗灌入药液。

②*经鼻腔插入胃管投药法* 投药人员站在牛头右侧，用左手拇指、食指和中指抓住牛的左侧鼻翼，右手将导管端插入左侧鼻孔内，用手的中指和食指夹住导管，以防牛头摆动时导管从鼻孔中脱出。投药人员将胃导管沿鼻腔底部缓缓向深部插入，当管端抵达咽部时会有阻力，此时可将导管来回推顶，牛因此而产生下咽动作时，顺势将导管向其食管内推送，直至插入20～30厘米后，判断没有插入肺部后，连接漏斗，灌入药液。

141. 怎样给奶牛注射?

注射前应先将注射部位的毛剪去，然后用2%～3%碘酊消毒，再用75%酒精脱碘。注射器、针头等须消毒，并且检查有无破损、故障。

注射药品在使用前应检查质量，了解使用方法、剂量以及注射过程中的注意事项、有无配伍禁忌等。抽取药液后，注意排除注射器、导管、针头内的气泡。

注射方法：

(1)皮下注射

① *注射部位* 牛颈部侧面，皮肤易于移动的部位。

② *注射方法* 一手提起牛的皮肤，使其形成皱褶，然后将针头对准皱褶刺入皮下，松开皮肤后，针头可以在皮下摆动，此时即可注入药液。

(2)肌内注射

① *注射部位* 牛颈部和臀部，肌肉丰厚的部位。颈部的注射部位选择在中1/3和下1/3部的背侧面；臀部注射部位，在腰部以后荐椎与尾根连线的两侧臀肌部，而不应在大腿两侧部位。

② *注射方法* 垂直于皮肤将针头刺入肌肉内，深度一般为2～3厘米，深部肌肉注射刺入5厘米，或更深一些，然后注入药液。

(3)静脉注射

静脉注射一般应由兽医人员操作。

① *注射部位* 最常用的注射部位是颈静脉，颈静脉注射常在颈部的中1/3处，因为上1/3处颈静脉有分支，下1/3处颈静脉较深。

② *注射方法* 先压迫静脉的近心端，阻断血液回流，使静脉鼓胀（压迫颈静脉下方，远离头的一端；耳静脉压迫耳根部；乳房静脉压迫远离乳房的一端），然后用针头顺血管方向与皮

肤呈 45°角，先刺入皮肤，再向血管穿刺，当有血液流出时，表示针头已经刺入血管内，再将针头顺血管方向推送一段，进而检查有回流血液后，方可进行注射。注射针头和输液导管要用小夹子固定在皮肤上，以免在注射过程中滑落。

142. 如何实施奶牛常用穿刺手术?

(1)瘤胃穿刺 主要用于奶牛由于瘤胃急性臌气压迫膈肌引起窒息，有生命危险时的紧急放气治疗，或需要向瘤胃内注射药物时进行此术。

穿刺部位在牛的左侧肷窝部，即左侧髋结节向最后肋骨所引的水平线的中点，距腰椎横突(下方)10～12 厘米处。也可取左侧肷部臌胀最明显的地方(图 9-6)。

穿刺方法:站立或右侧卧保定，穿刺部位剪毛消毒。

图 9-6 瘤胃穿刺部位

穿刺时要把穿刺部的皮肤向前或向后推拉移动，目的是穿刺完毕后皮肤与肌肉针孔错位。方法是术者用左手指下压进针处腹壁，使腹壁紧贴瘤胃壁，右手持套管针向右侧肘关节方向快速刺入 10 厘米左右，牛皮过厚时可用手术刀先在刺入点做 1 厘米左右的小切口，切透皮肤后再刺针。刺入瘤胃后拔出套管针内的针芯，用手指不断堵住管口，缓慢(间歇)放气，若套管堵塞，可插入针芯疏通。随着瘤胃中气体减少，臌胀明显减缓，这时术者左手也随之将皮肤下压，使腹壁与瘤胃壁相贴，固定穿刺针防止脱出。气体排出后，为防止复发可经套管向瘤胃内注入防腐消毒药。穿刺完拔针时，紧压穿刺处皮肤迅速拔出，以防套管内污物污染创道或落入腹腔。然后，对皮肤切口作一针结节缝合。

套管针粗细依据牛的体型、臌胀的程度及放气的速度而定，急性泡沫性臌气应选用较粗的穿刺针，一般性臌气用细套管针。紧急情况下也可使用 16 号以上注射针头穿刺。重复进行第二次穿刺时，不可在原穿刺孔处进行。

瘤胃臌气放气时不要过于急速，最好是采用间歇放气。过急往往会造成腹压迅速下降，血液大量回流腹腔致脑压和血压急剧下降，脑供血不足，导致牛虚脱或出现休克，所以应控制放气速度。

(2)瓣胃穿刺　瓣胃穿刺适用于瓣胃秘结(百叶干病)时注药治疗，使其内容物软化或进行冲洗。

穿刺部位在右侧第九肋间隙的肩端水平线上下 2 厘米处(图 9-7)。

穿刺方法：站立保定，穿刺部位剪毛消毒。通常用 16～18 号、长 15 厘米的针头，先刺入皮下，缓慢向下推进，针头刺入瓣胃后有类似插入致密坚实物体的感觉。判定针头是否刺入瓣胃的方法是：瓣胃功能正常时，针头可随胃的蠕动发生旋转，若瓣胃蠕动消失，则针头随呼吸而前后摆动，或连接注射器，注入 50～100 毫升生理盐水，并迅速回抽，如见到液体混浊并带有草渣，证明穿刺正确，此时即可进行注药或冲洗。在穿刺注射并回抽过程中，如发现血液、胆

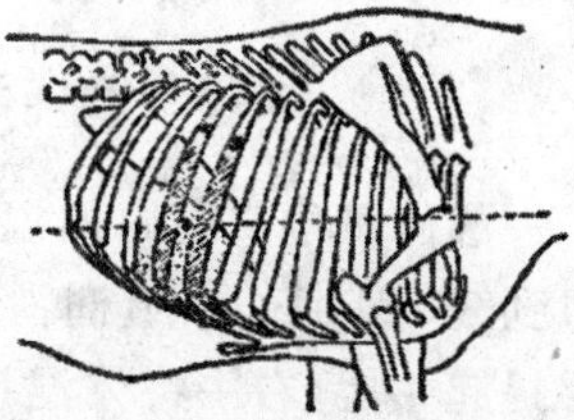

图 9-7　瓣胃穿刺部位

汁，表明刺入点过高或针头刺入肝脏或胆囊，改变刺入部位或方向后，重新刺入。

(3)腹腔穿刺 适用抽取腹水作病理检查，排出腹腔积液或向腹腔内注入药液治疗疾病。

穿刺部位在腹下脐部的右侧 5～10 厘米处，或右侧膝盖骨到最后肋骨所引的水平连线中点(图 9-8)。

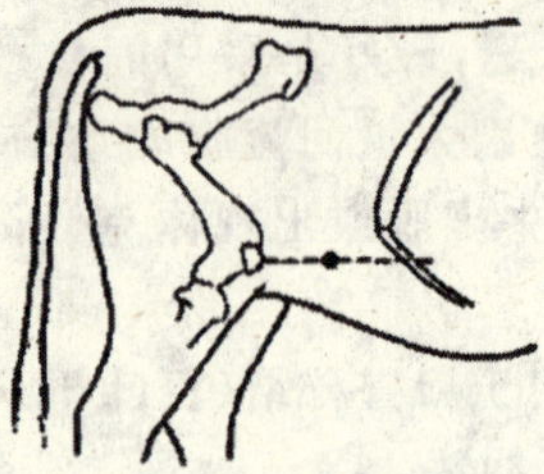

图 9-8 腹腔穿刺部位

穿刺方法：站立保定，穿刺部位剪毛消毒。用右手将注射针头垂直刺入 2 厘米以上，有突然落空的感觉。穿刺正确时腹水(胃、肠、膀胱等器官破裂后流出的液体)即可通过针孔流出，用注射器抽吸用于检验，或通过穿刺针向腹腔内注入治疗药液。若针头被腹腔液体中的纤维素凝块堵塞，自流不畅，应适当调整针头方向。

143. 怎样测量牛的体温？

一般测量牛直肠内的温度。检温前，先把体温计的水银柱甩到 35℃以下，涂上润滑剂或水。检查人站在牛正后方，左手提起牛尾，右手将体温计斜向前上方徐徐捻转插入肛门内，用体温计夹子夹在尾根部尾毛上，3～5 分钟后取出查看。测温后应将体温计擦干净，并将水银柱甩下，备用。牛经过剧烈活动、日晒、大量饮水后，应休息半小时后再测温。健康牛的体温一昼夜内略有变化，一般上午高，下午低，相差 1℃以内。在每天上午 8～9 点和下午 4～5 点两次测量，观察体温日差变化。正常犊牛体温为 38.5℃～39.5℃，青年牛和成年牛为 38℃～39℃。体温低于常温叫体温低下，常见于大失血、内脏破裂、中毒性疾病及濒死期。体温高于正常范围，叫发热。

144. 怎样检查牛的脉搏数？

应在牛安静状态下检查脉搏数。通常是触摸尾中动脉。检查人员站立在牛的正后方，左手将牛的尾根略微抬起，用右手的食指、中指压在尾腹面的尾中动脉上进行计数。一般幼龄牛比成年牛的脉搏快。健康犊牛的脉搏数每分钟 90～110 次，半月龄内犊牛可达 100～120 次，青年牛为 70～90 次，成年牛为 60～80 次。高温、剧烈运动、采食以及受到惊吓等，可使脉搏数暂时性增多。性别、生产性能等，也影响脉搏数，如高产奶牛的脉搏数比低产奶牛多，尤其在泌乳期更明显。奶牛在妊娠后期脉搏数也增多。心脏病、剧烈疼痛、贫血、呼吸器官疾病、某些中毒疾病等热性病可使脉搏数病理性增多，(一般体温每升高 1℃，脉搏数每分钟增加 4～8 次)。脉搏数减少，见于脑水肿、洋地黄中毒、铅中毒。高度衰竭的病牛脉搏数也减少。若脉搏数明显减少，则提示预后不良。

145. 怎样给奶牛洗胃？

洗胃常用于前胃疾病如瘤胃积食、急性瘤胃酸中毒、瘤胃臌气等，以及清除胃内的有毒物质。

(1)洗胃的方法 先准备好胃管和开口器，胃管上涂润滑剂。胃管通过口腔插入，正确插入食管和胃内，再装上漏斗，慢慢灌进温的淡盐水或 0.1％高锰酸钾溶液 5～10 升。在漏斗中的液体还没完全流净时，立即把漏斗放低，并向下压牛头，再拔去漏斗，利用虹吸作用把胃内的腐败液体等从胃管中不断吸出。

(2)注意事项 上述方法对瘤胃过度臌气，心、肺有严重疾病的体弱牛不适宜。洗胃中间如果发现病牛不安，心跳急剧增快，要迅速停止。防止胃管插入牛的肺部，以防造成窒息死亡。

146. 怎样给奶牛灌肠？

通过灌肠清除直肠内的积粪，治疗肠便秘，快速降温和直肠内给药等。方法分为深部灌肠和浅部灌肠。如果要排除直肠内的积粪，可采取浅部灌肠；如果要治疗肠便秘、直肠内给药或者给病牛降温等，采取深部灌肠。

灌肠使用的器具有灌肠器和橡皮管及唧筒。灌肠时，橡皮管上先涂石蜡油或者肥皂水，橡皮管插进病牛的肛门后，缓慢向直肠内插。要抬高灌肠器，让液体流入直肠。如流得慢，要抽动一下橡皮管。灌入一定数量的液体后，病牛出现努责现象。此时用手握紧或捏住病牛的肛门，或者用手指压迫尾巴根部。同时，还要捏压病牛的背部和腰部，来缓解努责，使直肠内充满液体。接着，再让输进的液体和粪便一起排出。这样多灌几次液体，直到直肠内的积粪排净为止。

深度灌肠使用的橡皮管要软些，插入直肠后，边灌液体边往肠里插。如换上唧筒，液体流进的速度就更快。但橡皮管插入越深，液体流进的速度就要慢下来，否则部分肠道就会膨胀得厉害，严重的可造成肠破裂，特别是有炎症或者坏死的肠道，更易发生。

147. 怎样给奶牛冲洗子宫？

子宫冲洗是治疗子宫内膜炎常用的一种方法。冲洗前，进行器具常规消毒。常用马的导尿管或硬质橡皮管或塑料管代替子宫洗涤器，用大玻璃漏斗或铁皮漏斗代替唧筒或挂桶。冲洗时，应将导管小心地从阴道插入子宫颈内。冲洗药液的选择应根据炎症情况而定，常采用生理盐水或0.01%～0.05%高锰酸钾液，或1%～2%的碳酸氢钠等。可隔天冲洗1次，每次药液量10升左右，冲洗至药液流出子宫时其保持原状态为止。为了使药液和黏膜更充分地接触，冲洗时可用一手伸入直肠，在直肠内轻轻按摩子宫。

148. 奶牛的常见病主要有哪些？

奶牛是发病率比较高的家畜，奶牛的疾病主要有两类，一类是普通病，另一类是传染病。奶牛普通病最常见的是产科病，如胎衣不下、不孕症(繁殖障碍)、乳房炎、产后瘫痪、流产、难产等；其次是内科病，如消化性疾病和代谢病，包括前胃弛缓、瘤胃积食、瘤胃臌气、真胃变位、创伤性网胃心包炎、瘤胃酸中毒、肥胖综合征等。外科病中常见的是肢蹄病，如骨质疏松症、腐蹄病、蹄叶炎等。犊牛疾病中的脐带炎、犊牛腹泻、犊牛血尿等。

奶牛传染病主要有口蹄疫、流行热、结核病、布鲁氏菌病、新生犊牛病毒性腹泻、白血病、破伤风、恶性卡他热、狂犬病、伪狂犬病、巴氏杆菌病、放线菌病、坏死杆菌病、蓝舌病、副结核病及牛肺疫等。

奶牛场常规监测的疾病至少应包括：口蹄疫、炭疽、牛白血病、结核病、布鲁氏菌病、蓝舌病。同时需注意监测我国已扑灭的疫病和外来病的传入，如牛瘟、牛传染性胸膜肺炎、牛海绵状脑病等。还应根据当地实际情况，针对性地进行其他疾病的监测。

149. 如何防制奶牛口蹄疫？

(1)病因及症状 口蹄疫是由口蹄疫病毒引起的人畜共患的一种传播特快、急性、热性、高度接触性传染病。主要侵害牛、羊等偶蹄动物，多发生在秋、冬、春季。轻症病牛，经10天左右能自愈，重症病牛可用0.1%高锰酸钾溶液擦洗病部后涂碘甘油。

特征症状为体温升高到40℃～41℃，口腔黏膜，舌部和蹄部及乳房皮肤发生水疱和烂斑，食欲下降，产奶量下降，走路跛行或卧地不起。

(2)预 防

①注意消毒 口蹄疫病毒对酸、碱特别敏感。在pH值3时，瞬间丧失感染力；pH值5.5时1秒钟内90%被灭活；2%氢氧化钠或4%碳酸氢钠溶液1秒内可将病毒杀死。－70℃～－50℃条件下病毒可存活数年，85℃条件下1秒即可杀死病毒。牛奶经巴氏消毒(72℃条件下15秒钟)能使病毒感染力丧失。在自然条件下，病毒在牛毛上可存活24日，在麸皮中能存活104日。紫外线可杀死病毒，乙醚、氯仿和蛋白酶对病毒无作用。

②切断传播途径 发生流行时应立即上报，划定疫区，严格封锁，就地扑灭，场内进行检疫，病牛就地做无害化处理，被污染的圈舍、饲槽、工具、排泄物用2%氢氧化钠溶液消毒，彻底切断传播途径。

③接种疫苗 预防牛口蹄疫要注意两个问题。第一，农牧民、饲养场养牛尽量要坚持自繁自养。坚决不能从疫区购入病牛，否则贻害无穷。第二，在疫区和周围的受威胁区，要

进行疫苗注射。牛“O”型口蹄疫灭活苗对各种年龄的黄牛、奶牛、水牛、牦牛都安全有效。

150. 如何防制奶牛结核病？

(1)病因及症状 结核病是由结核杆菌引起的人畜（禽）共患慢性传染病，主要通过呼吸道和消化道感染，特征是在一些组织器官中形成结核结节，结节中心继而干酪样坏死或钙化。

结核杆菌分人型、牛型和禽型。以牛型对牛的致病性最强。牛型结核杆菌是一种细长杆菌，单个或呈链排列，为抗酸染色的革兰氏阳性菌，不形成芽孢，不运动。病牛渗出物和粪便的结核杆菌能存活多日，厩舍消毒可用2%～3%氢氧化钠喷洒。

病畜是传染源。结核杆菌可随呼出的气体、痰、粪便、尿、分泌物或奶排出体外，当易感染牛与病牛接触时，或食入被污染的饲料、饮水等后可引起感染。

奶牛结核病主要症状有：

①肺结核 长期咳嗽，逐渐消瘦，呼吸困难，淋巴结肿大。

②肠结核 前胃弛缓，持续下痢，粪稀带血或脓汁，消瘦。

③乳房结核 乳房淋巴结肿大，乳房内有大小不一的结节，坚硬，产奶量下降，奶汁变稀，呈灰色，严重时乳腺萎缩、停奶。

(2)预防和治疗 每年春、秋两季用结核菌素进行检疫，定期预防消毒，阳性牛隔离治疗；患有结核病的人不得饲养奶牛。污染的场地、用具进行消毒，重症牛应宰杀处理。

治疗可用链霉素、异烟肼及对氨基水杨酸治疗。

牛结核菌素皮内试验是目前奶牛场采用的主要诊断方

法，已成为常规检疫制度，每年春、秋各检疫1次。

151. 如何防制奶牛布鲁氏菌病？

(1)病因及症状　布鲁氏菌病是由布鲁氏菌引起的一种人畜共患传染病。主要侵害生殖系统，以母牛发生流产和不孕、公牛发生睾丸炎和不育为特点。

主要症状为怀孕母牛一般在怀孕后期5～7个月表现流产，产出死胎或弱胎，并出现胎衣不下、子宫内膜炎等症状，屡配不孕。患病公牛睾丸肿大，有热、痛感，有的鞘腔积液。

病牛是主要传染源。慢性带菌者和新近感染者的阴道分泌物、乳汁、粪便、流产胎儿、羊水和胎膜、病公牛的精液等，都可传播病原。感染途径主要有两个：一是直接接触，如生殖道、皮肤、黏膜等直接接触；二是经消化道，如采食已污染的饲料、饮水、牛乳而感染。传染无季节性，全年均可发生。普通消毒剂如1%～3%石炭酸溶液3秒，2%福尔马林15秒，均可将布鲁氏菌杀死。

(2)预防及控制　布鲁氏菌在体内广泛分布并能在细胞内生存，故治疗困难。只能采取综合防制措施予以控制。具体方法：

第一，引进牛时一定是无本病感染者，不从疫区购牛。

第二，对临床流产母牛应及时隔离，做细菌学检查，阴性者可回原群混合饲养，阳性牛，应集中饲养或屠宰。

第三，对严重感染牛群加强饲养管理，供给品质好、多样化饲料，促使自然康复；严格执行兽医卫生消毒措施。重视环境和饲料消毒，减少感染机会。

第四，病牛所产犊牛，立即与母牛隔离，饲喂初乳5～7天后，在中间隔离站饲养。5～9月龄进行两次血清凝集反应检查，阳性者回病牛群或屠宰；阴性者可直接或接种疫苗后归入健康牛群饲喂。犊牛6月龄可接种19号菌苗、或猪2号、羊5号苗，以增加其保护力。

第五，饲养人员要做好自身防护工作，防止感染。

152. 如何防制奶牛炭疽病？

炭疽病是由炭疽芽孢杆菌引起的一种急性、热性、败血性传染病，其特征是皮下和浆膜组织呈出血性、浆液浸润，血凝不全，脾脏肿大，呈急性和最急性经过。

最急性型无症状突然死亡，口鼻等天然孔流出焦油样血液。

急性型体温41℃～42℃，从兴奋不安，消化紊乱，口鼻出血，转为呼吸困难，步态不稳，腹泻带血，泌乳停止等，病程1～2天死亡。

鉴于炭疽病的严重性，一旦出现应及时做无害化处理，没有治疗的意义。

153. 如何防制奶牛流行热病？

(1)病因及症状 牛流行热又叫“三日热”、“暂时热”，是一种由病毒引起的急性、热性、传染性疾病。这种疾病传播迅速，发病率极高，但死亡率较低，多呈良性经过。不同品种、年龄、性别的牛均会感染，3～5岁的奶牛最容易感染此病。本病的发生有明显的季节性，传播媒介是吸血昆虫中的库蚊，因此，多雨潮湿季节容易流行本病，北方于8～10月份，南方于6～9月份。本病的发生没有明显的周期性，大约3～5年流行一次。

奶牛流行热病潜伏期3～7天，发病较突然，体温升高至

39.5℃～42.5℃，维持2～3天后，降至正常。流泪、流鼻液、呼吸困难，因四肢关节疼痛而引起跛行。导致怀孕牛流产，奶牛泌乳量迅速下降或无奶。多数病例呈良性经过，病程一般在3～4天，病死率一般不超过1%，少数病牛因瘫痪而遭淘汰，个别病牛可因窒息或继发肺炎而死亡。剖检可见肺气肿和肺水肿等病变，有时由于肺气肿引起肺纵膈破裂，从而在肩、背、腰等部位皮下发生气肿征兆。

(2)防治方法 应采取综合性的预防措施。目前，国内已有奶牛流行性亚单位疫苗供试用。发生疫情后，要及时隔离病牛，并进行严格的封锁和消毒，消灭蚊蝇等吸血昆虫。早发现、早隔离、早治疗、减少疾病传染是防治本病的有效措施。

治疗本病尚无特效药物，病初可根据具体情况酌用退热药及强心药，停食时可适当补充生理盐水及葡萄糖溶液，用抗生素药物防止发生并发症和继发感染，如呼吸困难应及时输氧。

①西医疗法

方一，轻症可内服解热剂，如阿司匹林25～30克，或注射复方氨基吡啉30～50毫升；或者30%的安乃近20～30毫升，葡萄糖盐水1 500毫升。或百尔定10～15毫升，一次肌内注射，每天1次，3天为1疗程。

方二，静脉注射0.5%的普鲁卡因20毫升、10%的安钠咖20毫升、生理盐水1 500毫升，一次注射。

方三，静脉注射10%的葡萄糖酸钙150～300毫升，肌注双黄连注射液或板蓝根注射液。或5%的葡萄糖盐水溶液(糖盐水)2 000～3 000毫升，内加四环素1～2克；静脉滴注，每天1次，3天为1疗程。

方四，青霉素钠每次200万～400万单位，链霉素每次1

克，林格氏液 1 000～3 000 毫升，维生素 B_1 每次 100～500 毫克，维生素 C 每次 2～4 克，安钠咖每次 2～5 克，静脉注射，每日 2 次。

方五，对于呼吸较困难的危重病牛，可用地塞米松磷酸钠注射液，肌内或静脉注射 30～50 毫克(怀孕病牛慎用)。病情严重时，剂量可增大至 100 毫克。一般用药 1～2 次，可使呼吸困难逐渐缓解，病情很快好转，对抢救危重病牛有积极意义。

方六，四肢关节肿痛可静脉注射水杨酸钠水溶液，方法为 10%的水杨酸钠 100～200 毫升，3%普鲁卡因 20～30 毫升，5%的碳酸氢钠(小苏打溶液)注射液 200～500 毫升；一次静脉滴注，每天 1 次，3 天为一疗程。

②中药治疗

方一，生石膏 35 克，生地 50 克，川莲 35 克，栀子 40 克，桔梗 35 克，黑元参 25 克，知母 45 克，黄芩 50 克，连翘 35 克，木通 35 克，车前子 30 克，赤芍 35 克。水煎去渣候温，一次灌服，每天 1 剂，3 天为一疗程。

方二，汗防己 30 克，威灵仙 30 克，桂枝 18 克，羌活 18 克，独活 18 克，牛膝 18 克，木瓜 16 克，黄柏 16 克，黄芩 16 克，地龙 16 克，防风 12 克，荆芥 12 克。共研细末，开水冲服，加黄酒 250 毫升为引，隔天 1 剂。

方三，大黄 60 克，苦参 40 克，柴胡 35 克，苍术 40 克，黄芩 35 克。共研细末灌服。

方四，柴胡 100 克，双花 50 克，连翘 50 克，牛膝 50 克，杜仲 50 克，巴戟 50 克，黄芩 50 克，黄柏 50 克，生地 45 克，车前子 45 克，茯苓 45 克，甘草 45 克，槟榔 45 克。各研细末，开水冲调，加蜂蜜 200 克为引，一次灌服。

方五，大蒜 50 克捣烂，用食醋 250 毫升，调匀后灌服。

方六，葱头 200 克，生姜 80 克，捣烂混合后，加温水灌服。

154. 如何防制奶牛巴氏杆菌病？

奶牛巴氏杆菌病又称牛出血性败血症，是由巴氏杆菌引起的一种急性、热性、传染病。以高热、肺炎和内脏广泛出血为特征。天气突变和秋末冬初易发病，可分为以下四种类型：

(1)急性败血型 体温突然升高到 40℃以上，食欲废绝，呼吸困难，黏膜发绀，一般于 24 小时之内虚脱而亡，剖检时往往没有特征性病变，仅见黏膜和内脏表面有一些出血点。

(2)肺炎型 最常见病牛呼吸困难，痛性干咳，鼻漏无色或带血泡沫，严重时头颈前伸，引口伸舌，常迅速窒息死亡。

(3)水肿型 病牛胸前、头颈水肿，舌咽肿胀，呼吸困难，眼红肿、流泪。

(4)慢性型 较少见，由急性型转变而来，病牛长期咳嗽，慢性腹泻，消瘦无力。

该病根据其临床症状及采病料涂片美蓝染色镜检可见两端浓染的椭圆形小杆菌，即可确诊。该病可采用大剂量的四环素等抗菌素静注，也可采取病愈牛血液加抗凝剂静脉滴注。预防可采取牛巴氏杆菌疫苗接种，发病时应采取综合性预防措施。

155. 如何防治奶牛病毒性腹泻(黏膜病)？

(1)病因及症状 奶牛病毒性腹泻(黏膜病)是由病毒引起的传染病。近几年，随着大量从国外引进牛、羊而在我国有所发生。各种年龄的牛都可感染，但主要是 3～18 月龄的幼牛。本病全年可以发生，而多见于冬季和春季。传染源主要是病畜，病畜分泌物、排泄物以及精液、血液，可通过直接或间接传播。

目前大多数学者认为本病毒可有两种临床表现。

①*黏膜病型* 主要侵害犊牛和青年牛，潜伏期一般7～9天，发病突然，患畜体温升高达40℃～42℃，精神沉郁，食欲丧失，反刍停止，产奶量下降或停奶，白细胞减少，发病2～3天后唇、腭、齿龈、口腔黏膜上皮出现浅表性烂斑，大量流涎，呼气恶臭，随后出现腹泻，最初为水样，后期带血和黏液，并排出片状黏膜，有的出现口、鼻部表皮烂斑，蹄冠发炎，趾间坏死或糜烂，此外，可出现鼻漏、结膜炎。病程几天到1个月，发病率2%～50%，但死亡率可达90%。

②*病毒性腹泻* 症状与黏膜病相似，但要缓和得多，病牛很少表现明显的发热，但体温常呈周期性波动，口、鼻上皮常有烂斑，后期又往往连成片并扩充到整个上皮，口腔偶尔有烂斑或溃疡，但不是固定症状，常引起蹄冠炎和趾间坏死，而出现跛行。病牛可见间隙性拉稀，尤其在后期更常见，母牛在妊娠期感染本病，常发生流产。此型发病率高，死亡率一般不超过5%。

一般根据临床表现和特异性病理变化(消化系统充血、出血、水肿、糜烂和溃疡，呼吸道充血，鼻孔、唇和口腔黏膜有烂斑，肠系膜淋巴结以及集合淋巴滤泡肿大、坏死，冠状沟和心内膜有出血斑)可初步诊断，但确诊需由实验室做出。

(2)防治措施 目前无特效的治疗方法，对症治疗和加强护理可以减轻症状，增强机体抵抗力，促使病牛康复。

坚持自繁自养，加强检疫，避免购入未经检疫的牛只，做好防疫。我国已生产出一种弱毒冻干苗，可接种于不同年龄和品种的牛，接种后表现安全，接种后14天可产生抗体并维持22个月的免疫力。

治疗用补充水分及电解质，保护胃肠黏膜；应用收敛、止泻、强心补液等药物，可缩短恢复期，减少损失；用抗生素类和磺胺类药物治疗继发感染。

156. 如何防制奶牛传染性胸膜肺炎（牛肺疫）？

(1)病因及流行 牛传染性胸膜肺炎也称牛肺疫，是由丝状霉形体引起的对牛危害严重的一种接触性传染病，主要侵害肺和胸膜，其病理特征为纤维素性肺炎和浆液纤维素性肺炎。

在自然条件下主要侵害牛，其中3～7岁多发，犊牛少见。本病在我国西北、东北、内蒙古和西藏部分地区曾有过流行。病牛和带菌牛是本病的主要传染源。

牛肺疫主要通过呼吸道感染，也可经消化道或生殖道感染。本病多呈散发性流行，可长年发生，以冬春两季多发。非疫区常因引进带菌牛而呈暴发性流行；老疫区因牛对本病具有不同程度的抵抗力，发病缓慢，通常呈亚急性或慢性经过，往往呈散发性。潜伏期2～4周，短者7天，长者可达2个月之久。

日光、干燥和高温均不利于本菌的生存；对苯胺染料和青霉素具有抵抗力。但1%来苏儿、5%漂白粉、2%氢氧化钠或0.2%升汞均能迅速将其杀死。十万分之一的硫柳汞，十万分之一的“九一四”或每毫升含2万～10万单位的链霉素，均能抑制本菌。

(2)诊断 本病初期不易诊断。若引进种牛在数周内出现高热，持续不退，同时兼有浆液性纤维素胸膜肺炎症状并结合病理变化可作出初步诊断。进一步诊断可采用补体结合反应。其病理诊断要点为：肺呈多色彩的大理石样变。肺间质明显增宽、水肿，肺组织坏死。

牛肺疫与牛巴氏病鉴别诊断：后者发病急、病程短，有败血症表现，组织和内脏有出血点；肺病变部大理石样变化及间质增宽不明显。

早期牛肺疫与结核病鉴别：应通过变态反应及血清学试验等区别。

(3)防治 非疫区勿从疫区引牛。老疫区宜定期用牛肺疫兔化弱毒菌苗预防注射；发现病牛应隔离、封锁，必要时宰杀淘汰；污染的牛舍、屠宰场应用3%来苏儿或20%石灰乳消毒。

157. 如何做好奶牛场的防疫工作？

搞好奶牛场防疫一是防止传染病从外面传入，搞好日常预防措施；二是发生传染病时要尽快扑灭，防止传染病传播。

(1)日常预防措施(综合防制措施)

①建立、健全卫生防疫制度 牛场及牛舍出入口应设立消毒池及洗手设备，消毒池内应经常有足量、有效的消毒药液(如2%苛性钠溶液)，洗手消毒可用0.2%次氯酸钠溶液或0.1%过氧乙酸溶液，出入人员和车辆必须经过消毒。

加强对牛舍、运动场、饲槽、饮水池、生产用具、挤奶设备的卫生管理，定期清扫、冲洗、消毒。牛场应每年进行2次预防性消毒。每周2次对牛舍地面、运动场用2%苛性钠溶液消毒，饲槽、水槽可用10%石灰乳或2%漂白粉溶液消毒。

②坚持定期检疫、免疫 每年进行2次布鲁氏菌病和结核病检疫，检出的阳性反应牛应立即淘汰。每年应进行1次炭疽菌苗预防注射，2次口蹄疫疫苗预防注射。

③加强牛群饲养管理，提高奶牛机体抵抗力 提供营养均衡的日粮，制订科学的饲养规程并严格遵守执行，根据不同

季节、奶牛不同阶段合理饲养，提高奶牛抗病力。

④坚持自繁自养原则　不从疫区购入奶牛，并做好产地检疫，入群前应隔离观察2个月。

⑤重视周围疫情调查　经常了解本地区或周围地区的疫情动态和信息，发现疫情，应及时采取有效的预防措施，如紧急消毒、紧急接种疫苗等。

(2)传染病流行时扑灭措施

①发现疫情及时上报　发现疫情后向上级兽医卫生部门报告，并酌情实行封锁场区。

②迅速隔离病牛　隔离期间继续观察诊断，对症治疗。对隔离的病牛应设专人饲养管理。

③全面彻底消毒　对病牛所在的牛舍及活动场所、接触过的用具进行严格消毒，病牛污染的饲草、饲料要销毁，病牛排出的粪便应集中到指定地点堆积发酵和消毒。

④逐头临床检查　对同舍或同群的其他牛要逐头多次进行详细临床检查，必要时进行血清学诊断，以便尽早发现病牛。

⑤紧急预防接种　对多次检查无临床症状或血清学诊断为阴性的假健康牛进行紧急预防接种，以防止疫病扩散。

⑥妥善处理病畜　对死亡病畜的尸体要按防疫法规定进行无害化处理或销毁，对严重病畜及无治疗价值的病畜应及时淘汰处理，以便尽早消灭传染源。

158. 如何防治奶牛疥癣病？

(1)病因及症状　疥癣病是由疥癣螨虫的寄生引起的皮炎。寄生于牛体的疥癣螨有3种类型，由于螨的生活方式不同，经常发生的部位也不一样。引起本病多是因吸吮疥癣虫，其次是食皮疥癣虫，最少的是穿孔疥癣虫。其中食皮疥癣虫曾在我国北方的牛体中见到。

(2)症状 本病无论是哪种类型其皲裂发痒的程度很剧烈。病初出现粟粒大的丘疹，随着病情发展开始出现发痒症状。由于发痒，病牛不断地在物体上蹭皮肤，而使皮肤鳞屑增加、脱毛，致使皮肤变得又厚又硬。如果不及时治疗，1 年内会遍及全身，病牛明显消瘦。

(3)防治方法

①改善饲养条件 保持牛舍的通风干燥，坚持每天刷拭保持牛体卫生，破坏虫体适于生长、繁殖的环境；如果发现病牛应立即进行隔离治疗；对发现虫体的牛群在温暖的季节里，应采取预防性治疗措施杀灭虫体，防止入冬后蔓延。

②定期药浴 主要在秋季 9～10 月份进行。所用药品主要有胺丙畏、螨净等。其中胺丙畏可配成有效成分 3～5/10 000浓度淋浴，也可配成 2/10 000 浓度池浴，残效期可达 63 天，且安全，毒性较低。

③定期服药或注射 从 9 月份起，用阿维菌素或伊维菌素系列药品（商品名很多，因厂家各异）按有效成分 0.2 毫克/千克体重内服或注射，每隔 20～25 天用药 1 次，连用 3 次。

159. 如何防治奶牛皮蝇蛆病?

药物预防可用：蝇毒磷，每千克体重 4 毫克，配成 15%的丙酮溶液，臀部肌内注射；倍硫磷，每千克体重 4～10 毫克，肌内注射；用虫克星每千克体重 0.1 克内服，间隔 7 天连服 2 次，可有效治疗体内、体表的多种寄生虫（线虫、螨、虱、蚤、蜱、蝇蛆）。本品主要成分为伊维菌素类似物，具有广谱、高效、低毒、安全等优点，系国家“八五”科技攻关成果。目前被国内外视为最佳的抗寄生虫新药。

牛舍、运动场定期用敌百虫溶液或除虫菊酯喷雾消毒。加强牛体卫生，夏季用2%敌百虫喷洒牛背部。

160. 如何防治奶牛体内寄生虫病？

(1)胃肠道线虫病 由胃肠道线虫引起，对牛、马、羊及家禽的危害极大，并经常伴有地方性流行病的发生。治疗此病一般采用驱虫多片或克虫佳片等。克虫佳片按60毫克/千克体重口服，每次用量不超过60片，驱虫效果较好。

(2)肝片吸虫病 肝片吸虫寄生于牛肝胆管中，对牛的危害很大，治疗此病可用硝氯酚(片剂)、肝蛭净(乳剂)、阿维菌素或驱虫多(片剂)等驱虫药物效果很好。

(3)球虫病 主要侵害犊牛，由寄生于牛的直肠上皮细胞内的球虫引起，球虫也可寄生于盲肠与结肠下段。

治疗可选用氨丙啉，按每千克体重20～50毫克，一次内服，连用5～6天。盐霉素，每天每千克体重2毫克，连用7天。

预防措施有：

犊牛与成年牛分群饲养，以免球虫卵囊污染犊牛的饲料。

舍饲牛的粪便和垫草需集中消毒或利用生物热堆肥发酵，发病期间可用1%克辽林对牛舍、饲槽消毒，每周1次。

被粪便污染的母牛乳房在哺乳前要清洗干净。

添加药物预防，如氨丙啉，按0.004%～0.008%的浓度添加于饲料或饮水中；莫能霉素按每千克饲料添加0.3克，既能预防球虫又能提高饲料报酬。

161. 如何防治奶牛食管阻塞？

食管阻塞是牛食管的一段被饲草、饲料或异物，如甘薯、马铃薯、玉米棒、布片、毛线团、塑料布等堵塞导致的急性病症。

(1) 症状　突然停止采食，骚动不安，缩颈伸头，空嚼吞咽，并从嘴和鼻腔里流出草料，大量流涎，或流泪、咳嗽，嗳气停止，并有瘤胃臌气，呼吸困难。颈部食管阻塞，视诊可见臌气，触诊可摸到阻塞物；胸部食管阻塞，有大量唾液积于阻塞物上方食管，触压颈部食管有波动感。食管探诊是确诊本病的最可靠方法。食管探诊时，胃管插至阻塞部即不能继续插入。因此，根据胃管插入的长度，可以确定阻塞的部位。

(2) 防治　加强管理，定时定量饲喂，防止因饥饿而采食过急；合理调制饲料，适当切碎块根饲料，防止异物混入等。

治疗应早期确诊，及时排除阻塞物。当阻塞物发生在颈部上 1/3 处时，先用开口器固定口腔从外部把阻塞物由下向上推到咽部附近，直接从咽部取出；当阻塞物发生在颈部中或下 1/3 处时，可用胃管向下推送，使阻塞物进入瘤胃。可先用胃管灌入 3%～5%盐酸普鲁卡因液 50～60 毫升，经 10 分钟后再灌入液体石蜡油 100～150 毫升，并用胃管向下推进，此法可将大多数阻塞物推送到瘤胃内。

采用上述方法无效时，可手术切开食管取出阻塞物。

阻塞疏通后，由于食管局部炎症，应配合抗菌消炎治疗，并限制饲喂 1～2 天。脱水病畜，还应适当补液。

162. 如何防治奶牛前胃弛缓？

前胃弛缓是由于长期饲喂品质不良的饲料和饲养管理不

当，以致前胃兴奋性和收缩力降低的疾病，临床上以前胃蠕动减弱或停止，食欲、反刍、嗳气紊乱，常伴有一定的酸中毒为特征。

(1)病因及症状 长期饲喂难消化的粗饲料如枯老、干硬的秸秆及霉变饲料、冰冻饲料，并且饮水不足；饲料搭配不合理，特别是糟粕类饲料如酒糟、豆腐渣等及精料饲喂过多，粗饲料如干草、青贮缺乏或品质低劣，饲喂不足，牛只采食量减少；长期饲喂单一的饲料，尤其是矿物质、维生素缺乏；此外，牙齿不好、瘤胃积食、创伤性网胃炎、瓣胃阻塞等亦常继发本病。

本病主要症状为病畜精神沉郁，食欲减少，时吃时停，喜饮水，喜食粗饲料、精料和酸性料，反刍缓慢或停止，瘤胃蠕动次数减少；鼻镜干燥，有时磨牙；倦怠无力，常伏卧，逐渐消瘦，被毛粗乱；先便秘，后腹泻，或便秘腹泻交替出现。

(2)防治 注意改善饲养管理，合理调配饲料，不喂霉败、冰冻、质量粗劣的饲料，防止突然变换饲料。加强运动，合理使役。治疗原则是消除病因，排除瘤胃内容物，恢复瘤胃蠕动能力。

对急性前胃弛缓初期，应断食1～2天，然后供给易消化的饲料。

治疗方法有洗胃。洗胃液用4%的碳酸氢钠或生理盐水。洗胃后用5%的葡萄糖生理盐水1 000～3 000毫升，20%葡萄糖溶液500毫升，5%的碳酸氢钠500毫升，20%安钠咖10毫升，一次静脉注射。或10%氯化钠溶液500毫升，20%安钠咖10毫升，一次静脉注射。或氯化钠25克，氯化钙5克，葡萄糖50克，安钠咖1克，蒸馏水500毫升，一次静脉注射。或人工盐250～300克，或硫酸钠500克，加水后一次灌服。

163. 如何防治奶牛瘤胃臌气病?

瘤胃臌气是牛吃了大量容易发酵的饲料,在瘤胃内迅速产生并积聚大量气体,致使胃的容积急剧增大,胃壁发生急性扩张,并呈现反刍和嗳气障碍的一种疾病。

(1)病 因

①原发性瘤胃臌气 大量食入易发酵产气的饲料,如早春第一次放牧或饲喂大量青嫩多汁牧草尤其是豆科牧草;喂未经浸泡的含蛋白质较多的饲料,如大豆、豆饼等;饲喂变质、发霉或经雨淋,潮湿的饲料,如变质豆腐渣、青贮料等。

②继发性瘤胃臌气 继发性瘤胃臌气主要是由于前胃机能减弱、嗳气机能障碍,使胃内产生的气体不能正常排出,积聚于瘤胃中,经常反复地发生慢性瘤胃臌气。可见于食道阻塞和麻痹、支配食道的迷走神经受压、瓣胃弛缓阻塞、真胃阻塞、创伤性网胃炎等病症中。

一般起病急,腹围迅速增大、左侧肷窝最明显,叩诊为鼓音,听诊瘤胃初期蠕动增强,以后转弱,甚至消失。

(2)治疗 以排出瘤胃积气和止酵为主,并结合输液等全身疗法。

排除牛瘤胃内气体有两种方法。一是用胃导管插入瘤胃内,然后来回抽动导管,以诱导胃内气体排出;二是进行瘤胃穿刺术,即在左肷部臌胀部最高点,以碘酊消毒后用套管针迅速刺入,慢慢放气。危重病牛配合应用强心剂、中枢神经兴奋药毒旋花子甙 K,静脉注射 1.5~2.5 毫克,安钠咖肌内注射 2~4 克,尼可刹米肌内注射 2.5~5 克。

制止瘤胃内容物继续发酵产气。对轻度臌胀的牛,可服用制酵剂，如内服鱼石脂 15～20 克或松节油 30 毫升。对泡沫性瘤胃臌气，可选用豆油、花生油、棉籽油 250 毫升灌服，具有很好的消沫作用。也可给牛服消沫剂，如聚合甲基硅油剂或消胀片 30～60 片。

排除瘤胃发酵内容物。给病牛灌服泻剂，如硫酸钠400～500 克和蓖麻油 800～1 000 毫升。

164. 如何防治奶牛瘤胃积食？

瘤胃积食也叫急性瘤胃扩张。是指瘤胃内充满过量且较干硬的食物，引起瘤胃壁扩张，致使瘤胃运动及消化功能紊乱的疾病。由于瘤胃收缩力减弱，食入大量难以消化的饲料、饲草，或容易臌胀的饲料，致使瘤胃扩张，容积增大，内容物停滞和阻塞，瘤胃运动和消化功能障碍，造成脱水和毒血症。

(1)病因 适口性好的饲料、精料及糟粕类饲料饲喂过多，粗饲料进食过少，多见于片面追求产奶量，饲喂较多粉渣、糠糟而发病。饲料突然变更，由饲喂品质低劣、适口性较差的饲料变为品质好、适口性好的饲料时，奶牛贪食过度引起。饲料保管不严，奶牛从牛栏内跑出，偷食了过多的豆饼或精料。奶牛过肥、妊娠后期、高产奶牛全身张力降低、瘤胃功能减弱等均可引起瘤胃积食。

(2)症状 奶牛发病初期，食欲、反刍、嗳气减少或停止，鼻镜干燥，表现为拱腰、回头顾腹、后腿踢腹、摇尾、卧立不安。触诊时瘤胃胀满而坚实呈沙袋样，并有痛感。叩诊为浊音。听诊瘤胃蠕动音开始减弱，以后消失。严重时呼吸困难、呻吟、吐酸水，有时从鼻腔流出。如不及时治疗，多因脱水、中毒、衰竭或窒息而死亡。

(3)治疗 主要进行以下处置。

①排除瘤胃内容物　轻症按摩瘤胃，每次 20 分钟左右，每 1～2 小时 1 次，结合灌服大量温水效果更好；重症内服泻剂，或硫酸钠 400～800 克，番木鳖酊 15～20 毫升，龙胆紫 20～50 毫升，鱼石脂 15～20 克，一次灌服。或液体石蜡 1 000～2 000 毫升，一次内服。或盐类泻剂和油类泻剂并用。或反复洗胃，排除多量内容物。

②促瘤胃蠕动疗法　可用兴奋瘤胃蠕动的药物，如 10% 高渗氯化钠 300～500 毫升，静脉注射，同时用新斯的明 20～60 毫升肌注，能收到好的治疗效果。

脱水明显时，应静脉补液，同时补碱，如 25% 的葡萄糖 500～1 000 毫升，复方氯化钠溶液或 5% 糖盐水 3 000～4 000 毫升，5% 碳酸氢钠溶液 500～1 000 毫升等，一次静脉注射。

③手术疗法　重症或顽固的积食，用药物不见效时，可行瘤胃切开术，取出瘤胃内容物。

165. 如何防治奶牛瓣胃阻塞？

由于前胃功能障碍，瓣胃收缩力减弱，内容物滞留，水分被吸收后干硬而造成瓣胃阻塞。多发于冬、春季节。

(1) 病因与症状　采食了大量的坚硬、含粗纤维多的饲料，带泥沙的糟、糠，霜冻的饲料，饮水量不足。继发于前胃弛缓、瘤胃积食、真胃阻塞或扭转等病的过程中。初期与一般消化不良相似。病期 1 周后体温上升，饮、食欲、反刍停止，鼻镜干燥无汗甚至龟裂、伴有呻吟。排粪减少呈顽固性便秘，排算珠或栗子样干便、附有黏液。

(2) 治疗　增加瓣胃蠕动，软化瓣胃干硬内容物促使其排出。多用液体石蜡、蓖麻油以及浓盐水、葡萄糖溶液、安钠咖等静注。也可在兽医指导下瓣胃内注射硫酸镁溶液、液体石蜡、鱼石脂。方法是:进针部位取右侧 7～9 肋骨间肩端水平线上,肋骨前缘部位。剪毛、消毒后用 10～15 厘米长针头与皮肤垂直刺入。针头进入瓣胃时有阻力、有坚硬感,针尾呈现圆圈运动或摆动现象。为准确起见,先注射一次蒸馏水,注射时阻力大,注后立即抽出针头,抽出液中如混有草屑,可证明针已刺入瓣胃,然后注药。

166. 如何防治奶牛瘤胃酸中毒?

奶牛瘤胃酸中毒诱因是奶牛突然采食大量富含碳水化合物的谷物饲料,长期饲喂过量的块根饲料(如马铃薯、甜菜等)及酸度过高的青贮饲料。常发生于泌乳第一个月。

(1)症状 最急性牛常在采食谷物饲料后 5 个小时左右突然发病,病牛卧立不安,后肢踢腹,食欲废绝,流涎,口腔有酸臭味,步态蹒跚,卧地不起,瞳孔散大,体温正常或偏低,呼吸正常或减弱。粪便稀或呈水样,尿少或无尿,机体脱水,皮肤干燥,眼窝凹陷。

(2)预防 加强饲养管理,不要超量饲喂谷物饲料,防治牛偷吃过量精料。保证粗饲料占日粮总干物质 40%以上,同时在日粮中添加 0.6%～0.8%的小苏打以中和发酵产生的酸。

(3)治疗 停喂易发酵的富含碳水化合物的饲料。

严重的病例应用 1%碳酸氢钠清洗瘤胃,反复 10～15 次,直至瘤胃酸味减轻,呈中性或弱碱性为止。再导入健康牛的瘤胃液 5 000 毫升,以帮助恢复瘤胃菌群。

纠正酸中毒,补充血容量。静脉注射 5%碳酸氢钠 1～2 升,20%安钠咖 20 毫升,5%糖盐水或生理盐水 2～3 升,25%葡萄糖 500～1 000 毫升,20%甘露醇 500～1 000 毫升。皮下注射 20 毫升新斯的明以加强瘤胃蠕动。

167. 如何防治奶牛皱胃变位?

(1)症状 奶牛皱胃变位是皱胃的自然生理位置发生改变的疾病,分左方变位和右方变位(皱胃扭转)两种,临床上以左方变位多见。

①*左方变位* 该病多发生于母牛分娩后,少数发生在产前3个月到分娩之前,临床常见病牛分娩2～3天后开始拒食。通常病初食欲减少,偶有腹痛和腹部臌胀,随着病程加剧,奶牛拒食精料,仅食少量干草或不食,产奶量下降,患畜迅速消瘦,腹部缩小,两侧肷窝深陷,但左侧最后3肋间明显膨大。

随着病程的发展,呈现出该病的典型症状:左侧最后3根肋骨1/3处叩诊,可听到明显的钢管音,冲击式触诊可听到液体振荡音。在左腹侧膨大部穿刺,穿刺液为酸性反应。无纤毛虫,pH值为2～3。直肠检查,瘤胃背囊右移,瘤胃与左腹壁之间出现间隙,有时在瘤胃的左侧可摸到臌胀的皱胃,拨动皱胃可判断其粘连程度。

②*右方变位* 呈急性发作,突然发生腹痛,呻吟不安,后肢踢腹,背腰下沉或呈蹲伏姿势。心跳加快,达100～120次/分,体温偏低或正常。常拒食贪饮,瘤胃蠕动消失,粪软色暗,混有血液,有时腹泻。右腹肋弓部膨大,冲击式触诊可听到液体振荡音,将听诊器放在右肷窝内,同时叩打最后2根肋骨,可听到明显的钢管音。直肠检查,在右侧腹部可摸到膨满而紧张的皱胃。严重病例常伴发脱水、休克和碱中毒,轻者10～14日、重者2～4日即可导致死亡。

(2)治疗方法

① *保守疗法* 静脉注射生理盐水,同时补钾,调整代谢

性碱中毒，同时实施滚转法使其自然复位。方法是先让牛呈左侧横卧姿势，然后再转成仰卧式（背部着地，四趾朝天），随后以背部为轴心，先向左滚转 45°，回到正中，再向右滚转 45°，再回到正中（共 90°的摆幅），如此来回地左右摇晃 3 分钟，突然停止在右侧横卧位，并再次叩诊。若钢管音消失则表示皱胃已经复位，将牛转成俯卧式（胸部着地）最后使之站立；若钢管音不消失，则表明尚未复位，可重复进行滚转法。本法在病初有效。

②*手术疗法* 此法简便易行，治愈后不复发，故常用。应请兽医人员实施手术。

真胃左方变位的具体手术过程如下（以左腹侧切口法为例）：奶牛站立保定。采用复合麻醉法，用保定宁（肌内注射）、普鲁卡因（术部浸润）。左腹部切开 15 厘米切口，逐层切开皮肌、腹外斜肌，钝性分离腹内斜肌、腹横肌，切开腹膜，打开腹腔，引带有 16 号针头的长胶管进行瘤胃与真胃放气。丝线固定真胃大弯处，经腹腔底推行到右侧真胃解剖位置，穿出腹壁，丝线固定于右侧腹壁。进行关腹手术，分层缝合腹膜，肌肉与皮肤，然后进行常规手术护理。兽医临床也常用左右腹部两侧开口手术治疗牛真胃左方变位。

真胃右方变位的手术治疗：也用站立保定，右腹部切开，拉出真胃后，清理真胃走向，丝线固定真胃大弯处右侧真胃解剖位置，其余处理按常规手术要求操作。

(3)预防措施 干奶牛应适当减少精料喂量，严格控制妊娠后期母牛精料的进食量，保证充足的优质干草，并注意增加运动。同时，注意日粮配方的合理性，及时补充维生素和钙、磷等矿物质，保证母牛维生素和矿物质的平衡。此外，应该注意剔除饲料中的各类异物，如泥沙、杂物等。优质干草贮备量少的牛场，可在日粮中添加碳酸氢钠；对农户及无运动场的牛场，要增加奶牛驱赶运动。

168. 如何治疗奶牛皱胃阻塞？

通常进行手术法治疗。

(1)中小体型病牛的治疗　可通过左肷部做瘤胃切开进行瓣胃和皱胃冲洗，方法如下：

施瘤胃切开术：病畜站立保定于六柱栏，尾拴于一侧，左肷部剃毛消毒，腰旁传导麻醉配合局部浸润麻醉。依次切开皮肤、皮下组织、腹外斜肌、腹内斜肌、腹横肌和腹膜，充分暴露瘤胃，将瘤胃浆膜肌层用10号丝线固定于切口皮肤创缘，在瘤胃预定切口两侧各做2～3个水平纽扣缝合线。用生理盐水纱布充分隔离后切开瘤胃，拉紧水平纽扣线，使瘤胃黏膜外翻，套入橡皮洞巾。

冲洗：用手掏出瘤胃内多余的内容物，伸入网胃取出其中异物，探查网、瓣胃口，用手指固定，将一导管插入网、瓣胃口，导管另一端抬高连接漏斗，用大量温水冲洗，一边冲洗，一边用手轻轻松动瓣胃叶，瓣胃冲洗完，将水管通过瓣皱胃口插入皱胃内冲洗，冲洗一定时间，将导管的另一端放低，将冲洗的胃内容物导出，如果皱胃阻塞物因水分吸收已经干硬，可以配合体外皱胃区节律性撬杠按摩和瘤胃腔内隔胃壁按压相结合的方法，促使皱胃内容物脱落，然后手指伸入皱胃掏松；反复冲洗3～5次，手伸入皱胃内，感受其冲洗程度，冲洗至皱胃内容物全部导出，最后将瘤网胃内多余液体导出。

缝合瘤胃：将瘤胃用大量青霉素生理盐水冲洗干净后，常规缝合腹壁切口。

(2)体型较大病牛的治疗　进行皱胃切开冲洗，疗效确实。方法如下：

病畜左侧卧保定，尾拴于一侧。速眠新注射液以每 100 千克体重的剂量肌内注射，进行全身麻醉，同时在预定切开线处用 0.5%盐酸普鲁卡因局部浸润麻醉。在距右侧最后肋骨末端 25～30 厘米处，定为平行肋骨弓斜切口的中点，在此中点上做一 20～25 厘米平行肋骨弓的切口。依次切开皮肤、皮下组织、腹横筋膜、腹直肌、腹横肌和腹膜，切口两侧用生理盐水纱布充分隔离，术者经腹壁切口将手伸入腹腔探查，感觉阻塞的皱胃，并将阻塞的皱胃向腹壁切口处移动，尽量使皱胃大弯充分暴露，将两块 40 厘米×40 厘米的无菌防水塑料布紧紧贴附于皱胃壁上，用弯圆针系 4 号丝线将其与皱胃壁上的浆膜、肌层进行连续缝合；在预定切开线两侧，两块塑料布之间预定切开线显露区为 2 厘米×15 厘米，塑料布四角伸展固定于患畜腹壁上；隔离完毕，在皱胃预定切开线上切开胃壁 12～15 厘米，套入洞巾，将洞巾伸展开，然后用手指轻轻松动并用手指掐取切口附近胃腔内的阻塞物，取出一定阻塞物；然后术者持胃导管一端插入胃腔内，另一端连接漏斗，向内灌水，一边灌水，一边松动胃腔内的阻塞物，一直将皱胃内的阻塞物全部冲出，然后再通过瓣皱胃口将瓣胃叶充分冲洗干净，但注意网瓣胃口不能冲洗，导出冲洗的液体，最后将皱胃的幽门部冲开。冲洗完毕，拆除洞巾，用两把舌钳将切口合拢，用 1/1 000 的新洁尔灭冲洗皱胃切口，将挫灭组织切除，再用大量青霉素生理盐水冲洗；用肠线进行第一层全层连续缝合，缝合完毕，再用生理盐水冲洗，转入无菌手术；第二层采用连续伦巴特缝合，缝合完毕，撤去隔离纱布，用生理盐水将皱胃冲洗干净后还纳回腹腔，常规缝合腹壁切口。

术后护理：术后连续 7 天注射广谱抗生素。禁饲 48 小时，待出现反刍后给予少量优质饲草。适当运动，恢复胃肠功能。

169. 奶牛为何会出现钙磷代谢障碍?

钙、磷是奶牛必需的矿物质，是机体重要的组成成分，并有重要的生理功能。当饲料中钙含量低、维生素D丰富及肠pH值偏低、肾功能不全时将促进或增强对磷的吸收，致使血清中磷增多。当饲喂高钙饲料、肠pH值增高、维生素D不足以及摄取镁、铝、铁等过多将阻碍磷的吸收;加之肾上腺素、胰岛素等促使磷向细胞内转移，甲状旁腺素性肾小管对磷重吸收功能不全等，皆可造成血磷降低而出现低磷血症。引起奶牛钙、磷代谢障碍的原因如下:饲料中长期钙、磷缺乏或比例不当。机体对钙、磷的吸收，不仅决定其含量，还与其比例有关。以年产奶5 000千克的母牛为例，每产1千克的奶，要消耗1.2克钙和0.8克磷，一个泌乳期要排出6千克钙和4千克磷。泌乳高峰时，每日排出30克钙和20克磷，奶牛自身生命活动每日需20克钙和15克磷。可见，奶牛对钙、磷的需要量及消耗量较大。如果饲料中钙、磷供应不足，或因钙、磷比例不当，致使机体不能摄取所需的钙、磷，其结果必将引起钙、磷不足而发生代谢障碍。

母牛机体健康状况不佳，引起代谢不良，不仅影响钙、磷吸收，而且还会增加骨的溶解。

170. 如何防治奶牛佝偻病?

佝偻病是指犊牛在生长过程中，由于矿物质钙、磷和维生素D缺乏所致的成骨细胞钙化不全、软骨肥大及骨骺增大的骨营养不良性疾病。其特征是消化紊乱，四肢及脊柱等弯曲，跛行。

(1)预防措施 加强妊娠后期母牛的饲养管理，防止犊牛先天性骨发育不良。

犊牛出生后加强护理。尽早培养采食饲料能力，给予适口性好、品质好的精、粗饲料，保证蛋白质、矿物质及维生素的供给；犊牛舍应干燥、通风，并且阳光充足。加强犊牛运动和日光浴。

(2)治疗 饲喂豆科牧草及其子实，优质干草和骨粉。同时，可用维生素 D_2（骨化醇）200 万～400 万单位，肌内注射，隔日 1 次，3～5 次为 1 个疗程；维生素 A、维生素 D_2 50 万～100 万单位，一次肌内注射；维丁胶性钙 5～10 毫升，一次肌内注射，每日 1 次，连续注射 3～5 天。

171. 犊牛发生脐带炎如何治疗？

新生犊牛的脐带残段，一般约在出生后 3～6 天干燥脱落，在此期间脐带受到污染及尿液浸渍，或接产时对脐带消毒不严，均可使脐带遭细菌感染而发炎。

(1)症状 脐带炎初期脐孔周围温热、充血、肿胀、疼痛，患畜弓腰，不愿行走。有时脐带部形成脓肿，脐带残段脱落后，脐孔处湿润，形成一瘘孔，内有脓汁。脐坏疽时，脐带残段呈污红色，有恶臭味，脐孔处肉芽赘生，形成溃疡面，附有脓性渗出物。有的继发脓毒败血症或破伤风。

(2)治疗 初期，用 5%碘酊涂擦脐部，青霉素 80 万～160 万单位、0.25%～0.5%普鲁卡因 10～20 毫升，在脐孔周围封闭。

脐孔形成瘘管时，用消毒药液洗净其脓汁，涂注碘仿醚或碘酊。有脓肿时，须切开排脓。

脐带发生坏疽时，必须切除脐带残段，除去坏死组织，用消毒药液清洗后，再涂以碘仿醚或5%碘酊。应用抗生素，防止全身性感染。

仔畜出生后，只要脐带不出血，就不必结扎，以促其迅速干燥和脱落。有些畜主习惯将脐带留得很长，不但结扎，而且用破布、棉花严密包裹，常使脐带不易干燥脱落，导致脐带炎的发生。正确的办法是每天用碘酊涂擦脐带1～2次即可，并保证圈舍的清洁干燥。

172. 如何防治犊牛消化不良性腹泻？

品质低劣的饲料和不良的饲喂方法，常引起犊牛消化不良性腹泻，导致机体脱水和酸中毒，虚脱死亡。此外，肠道病原微生物产生的毒素，对机体发生毒害作用，加速病情恶化。哺乳不定时、饥饿状态下大量饲喂、奶温过低、牛奶变质污染病菌、喂奶器具不洁、犊牛舍潮湿脏污、舍内犊牛拥挤，饲养密度过大、天气骤变、寒冷等都可致本病。

(1)症状 排灰白色粥样或水样粪便，内混有未消化的乳凝块，臭酸腥味。体温正常，全身状态一般良好，称单纯性消化不良性腹泻；如肠道内感染病原菌，排恶臭黑绿色或黄白色稀粪，体温升高，精神沉郁，全身状态逐渐恶化，称为中毒性消化不良性腹泻。

(2)治疗 单纯性消化不良性腹泻，减食可饮水，内服健胃助消化药，如龙胆紫、陈皮酊、乳酶生、胰酶、胃蛋白酶等，必要时配合静脉注射5%葡萄糖溶液和生理盐水，酌情内服痢特灵、磺胺脒等消炎药。中毒性消化不良性腹泻按肠炎治疗，治疗原则是肠道消炎和防治机体脱水及酸中毒。注射或内服选择氯霉素、庆大霉素、卡那霉素、磺胺脒等药物，静脉注射选择生理盐水、复方氯化钠液、5%碳酸氢钠溶液和葡萄糖等。

173. 如何防治犊牛白痢?

犊牛白痢,主要发生在10日龄内,病原为致病性大肠杆菌。

(1)症　状

①败血型　病程短,体温升高达41℃左右。精神沉郁,排黄绿色或淡黄色水样腥臭稀粪,心率快,病末期体温下降,卧地不起,末梢发凉,部分牛尚未开始腹泻即死亡。

②肠炎型　大量排水样黄白色稀粪,机体衰弱,脱水;肛门失禁。病程1~3天。

(2)治疗　发病后及时治疗,可内服高锰酸钾溶液,每次4~8克,配成0.5%水溶液灌服,每天2~3次。或用经药敏试验,对分离的大肠杆菌血清型有抑制作用的抗生素,如选择土霉素、链霉素或硫酸新霉素等,按每千克体重30~50毫克,每日内服2~3次,连服3~5天,每次还可配合小苏打3~6克内服;或以每千克体重10~30毫克的剂量肌内注射,每日2~5次;或内服痢特灵(每千克体重5~10毫克,分2~3次,连用3~5天)、或磺胺脒(每次10~20克,每天2~3次)等药物。

预防此病应加强新生犊牛的饲养管理,产后及时喂初乳,牛舍清洁卫生、保暖,饲喂器具应清洗消毒,牛奶要消毒加温,定时定量饲喂。

174. 如何防治牛创伤性网胃炎?

牛创伤性网胃炎是由于饲料中混入金属异物(如铁钉、铁丝、铁片等)及其他尖锐异物,食入后引起的网胃创伤性疾病。

若异物刺伤网胃，又穿透膈肌，伤及心包使心包发生炎症者，称创伤性心包炎。

(1)症 状 病牛呈现顽固性的前胃弛缓症状，久治不愈。随着病情的进展，逐渐呈网胃炎的症状。病牛的行动和姿势异常，站立时，肘头外展，多取前高后低姿势；运步时，步样强拘，愿走软路而不愿走硬路，愿上坡而不愿下坡；卧地时，非常小心；起立时，多先起前肢（正常情况下先起后肢）。网胃触诊时疼痛不安，抗拒检查。体温多升高到 40℃～41℃，脉搏增数。

有条件的可用金属探测器检查，或用特制取铁器进行治疗性诊断。

(2)防 治

①杜绝饲草饲料中混有金属异物 可用磁铁吸出混入饲草饲料中的异物，也可给牛佩戴磁铁牛鼻环或向牛网胃投入预防性特制磁铁——磁笼。

②清除牛网胃内金属异物 将患牛站立保定，用开口器打开口腔并固定好，用导管将吸铁器投入胃内，随后灌喂适量清水，然后牵牛自由活动 15～20 分钟。保定后再缓缓取出吸铁器，经过 3～4 次的反复打捞，即可将游离在网胃内或与网胃壁结合不紧密的金属物全部取出。

③站台疗法 使病牛保持前高后低的姿势立于斜坡上以减轻腹腔脏器对网胃的压迫，促使异物退出网胃壁，同时内服磺胺类药物，或用青霉素和链霉素肌内注射，连续用药 3 天。也可用特制带钢丝绳的强性磁铁经口投入网胃中，吸出金属异物，同时应用青霉素和链霉素肌内注射。保守疗法只适用于叶间型的网胃炎或病初。

④手术疗法 当上述治疗方法均无效时，可做瘤胃切开

术。术者从切口伸入手臂，探查和取出网胃内异物。

175. 如何防治奶牛妊娠水肿？

妊娠水肿是母牛妊娠末期在乳房、腹下和后肢发生的水肿。一般出现于产前1个月左右，产前10天显著，产后2周左右自行消退。主要损失是影响产奶量和乳房外形，容易感染皮肤病和乳房炎。

(1)病因 怀孕后期，足月的子宫压迫腹腔后部脉管，肿大的乳房影响孕牛运动，使乳房、下腹、后肢等静脉血回流滞缓，引起毛细血管渗透性升高，液体渗出增加，潴留组织间隙形成水肿。

营养不足也是诱因。怀孕后期母体血液总量增加，血浆蛋白浓度相对下降，同时胎儿迅速增长，对蛋白质等物质需求大大增加。如果孕牛从饲料中摄取蛋白质不足，血浆蛋白浓度更加下降，使血液与组织间水分失去生理的动态平衡，导致组织中水分潴留；内分泌变化，心、肾功能异常均造成水肿；遗传因素影响，荷斯坦牛、更赛牛易患。

(2)症状 妊娠水肿多数为生理现象，当症状严重时，才被认为是疾病。有人认为临产前发生呈急性，属生理性；怀孕期间发生，呈慢性，属病理性。

初期乳房皮肤渐进性充血，乳房膨大肿胀。然后，向腹下蔓延，呈扁平状，左右对称。触之如面团，压之留指痕。皮温稍低。严重时，可蔓延至前胸、阴门及下肢，可影响食欲和运动。

(3)治疗 大部分产后可逐渐自消，不需治疗。限制饮水、多汁饲料和食盐喂量，给予富含蛋白质、维生素和矿物质的饲料，适当运动。严重者可采用强心、利尿，但切忌局部乱刺放液。20%安钠咖20毫升，肌内注射，1日2次，连用3～5

天。严重者可用50%葡萄糖500毫升、10%葡萄糖1 500毫升、10%葡萄糖酸钙500毫升、水解蛋白酶500毫升、20%安钠咖10毫升静脉注射，每日1次，连用多日。据介绍饮绿茶多次，疗效理想：绿茶次品0.25千克，开水冲泡约半脸盆，去叶饮服，茶汁浓、味微苦，母牛喜饮。

176. 如何进行奶牛阴道脱出整复手术？

奶牛生产时由于犊牛太大或助产不当引起阴道脱出。阴道脱出整复手术有两种方法。

(1)外阴缝合法

①整复　将牛保定在前低后高的保定栏内，裹扎尾巴并拉向体侧，先以0.1%高锰酸钾清洗脱出局部，有破口的先缝合破口，充血肿胀严重者可用冷敷，水肿厉害者可用热敷挤揉或针刺，使水肿液流出，然后在脱出的阴道上包盖浸有消毒抗菌药物的纱布。用手掌趁患牛不努责时，将脱出的阴道送入阴门内，若努责剧烈而影响整复时，可用2%普鲁卡因10～20毫升注入尾根穴(第一、二尾椎间隙)。

②缝合　采用双内翻缝合。选用18号医用缝合线双股或四股，在阴门上做2个双内翻缝合。进行双内翻缝合时，下针距阴门4厘米处，而出针应距阴门0.5厘米为宜，阴门下1/3不缝合以免影响排尿。

③护理　定期消毒以防感染，拆线不宜过早，估计无脱出时方可拆线。妊娠后期，应注意观察，一旦出现分娩症状，立即拆线。阴道壁有炎症时应隔日或每日1次用0.1%高锰酸钾，或涂布碘甘油或其他消毒药物。

(2)坐骨小孔缝合固定法　对严重病例，用外阴缝合不能阻止阴道脱出，须采取坐骨小孔缝合固定法，先整复(同前所

述)后,再采取以下步骤:

①确定缝合部位　经直肠或阴道向侧上壁触摸,可摸到硬币大小的软孔即为牛的坐骨小孔,一手伸入阴道内按在小孔位置,另一手在外部触摸牛臀部相应的位置,在臀部做标记,确定固定阴道壁的臀部缝合位置。

②皮肤切口　为便于出针,需做皮肤切口,先将标记的臀部皮肤剪毛,消毒9平方厘米左右,用尖外科手术刀划破皮肤,皮肤切口长1厘米左右,深度以破皮为宜。

③缝合　先将双股或四股粗缝合线穿上一长柄针(5～8厘米),一端系粗圆枕或大衣纽扣,带入阴道,从阴道内坐骨小孔位置,将针向臀部方向刺入,通过坐骨小孔穿出皮肤切口,引出体外,在外面同样系一圆枕或大衣纽扣,结扎缝线,涂布碘酊。另一侧可按相同的办法进行,使阴道壁与骨盆侧壁的韧带和肌肉牢固地固定在一起。

较重的病例,用外阴缝合法易复发。术后缝合部位注意消毒防止感染。加强管理是根治本病的关键,可配合服用具有补中益气功效的中药。

177. 如何防治奶牛子宫脱出?

(1)病因　奶牛子宫脱出多因怀孕期饲养管理不当、饲料单一、质量差、缺乏运动、畜体瘦弱无力、过劳等致使会阴部组织松弛,无力固定子宫,年老和经产母牛易发生。助产不当、产道干燥、强力而迅速拉出胎畜、胎衣不下、在露出的胎衣断端系以重物及胎畜脐带粗短等均可引起。此外,瘤胃臌气、瘤胃积食、便秘、腹泻等也能诱发本病。

(2)治疗及预防

①子宫部分脱出　只要加强护理,防止脱出部位再扩大

及受损。如将其尾固定，以防摩擦脱出部位，减少感染机会；多放牧，舍饲时要给予易消化饲料等。可不必采取特殊疗法。

②子宫全部脱出　应该及早进行整复，防止牛由于疼痛不安而造成子宫破裂。先剥离胎衣，清洗污物后再整复子宫。整复后应及早进行牵遛，整复后 4～6 小时内，患牛不准卧地。整复后肌内注射青霉素 800 万单位和链霉素 400 万单位，每日 2 次，连用 7 天，防止感染。

手术方法整复子宫脱出：最好选择前低后高地势站直保定患牛。后海穴注射0.25%普鲁卡因 100 毫升（中等体型牛）。用 0.1%高锰酸钾洗净脱出子宫。助手用大纱布或塑料布将子宫托至与阴门同高，术者用拳头顶住子宫角末端。趁母牛不努责时，小心向阴道内推送，也可从子宫角基部开始，用两手从阴门两侧一部分一部分地向阴道内推送，在换手时，助手应压住已推入的部分。当子宫已送入阴道后，必须用手将其推到腹腔，使之复位。向子宫内投入抗生素，必要时肌内注射促子宫收缩药物。

注意事项：

病牛不能站立时宜垫高后躯，地面铺垫塑料布，防止子宫被污染及损伤。对黏膜有创口的应及时缝合，出血严重者要止血。对子宫特别大送入有困难的，要考虑是否有肠管或膀胱脱出。对膀胱脱出且有积尿者，用穿刺针将尿液排出后再送入。整复后母牛置于前低后高的地面上，注意护理。若母牛仍有努责，为防止重新脱出，可在阴门上角至中部做 2～3 个圆枕缝合或在阴门周围行袋口缝合。2～3 天后母牛不努责时，便可拆线。

预防本病应加强妊娠母牛的饲养管理，特别是在妊娠后期要饲喂富含营养的饲料，并补饲矿物质，适当加强运动，以增强妊娠母牛的体质。分娩时应采取正确的接产方法，避免猛拉胎儿。不可将妊娠母牛饲养在向后倾斜的地面上；因病卧地时，要适当垫高后躯；剥离胎衣，切勿强拉硬拽。

178. 如何防治奶牛胎衣不下？

胎衣不下也称胎衣滞留，是指母牛分娩后经过 8～12 小时仍不能排出胎衣的疾病。

(1)病因 引起奶牛胎衣不下主要原因有两个方面，一是产后子宫收缩无力，主要因为怀孕期间饲料单一，缺乏矿物质、微量元素和某些维生素；或是产双胎，胎儿过大及胎水过多，使子宫过度扩张；二是胎盘炎症，怀孕期间子宫受到感染发生隐性子宫内膜炎及胎盘炎，母子胎盘粘连。此外，流产和早产等也能导致胎衣不下。

(2)症状 初期一般没有全身症状，经 1～2 天后，滞留的胎衣开始腐败分解，从阴道内排出污红色混有胎衣碎片的恶臭液体。腐败分解产物若被子宫吸收，可出现败血型子宫炎和毒血症，患牛表现体温升高、精神沉郁、食欲减退、泌乳减少等。

(3)治疗及预防

①促进子宫收缩，加速胎衣排出 皮下或肌内注射垂体后叶素 50～100 单位。最好在产后 8～12 小时注射，如超过 24～48 小时，则效果不佳。也可注射催产素 10 毫升(100 单位)，麦角新碱 6～10 毫克。

②子宫注药法 用土霉素或四环素 3 克，或金霉素 2 克，10％氯化钠溶液 1 000～1 500 毫升，溶解后加热至 40℃，一次性子宫灌注，隔日 1 次，一般 4～6 天后胎衣可自行脱落。胎衣排出后仍须继续用药，直至生殖道内分泌物干净为止。

③手术剥离　一般不提倡手术剥离，因为手术剥离操作不当或消毒不严，都会使子宫内膜受到伤害，引起奶牛子宫疾病，造成奶牛终生不孕。

怀孕母牛产前12～15天，在饲料中添加硒元素和维生素E，有较好的效果。母牛分娩后的1个小时内，与新生犊牛放在一起，对于胎衣的排出具有积极的作用。在奶牛围产前期添加阴离子盐有预防作用。

179. 奶牛乳房炎的危害性有哪些？

奶牛乳房炎是影响奶牛生产效益的重要原因，其发生率高，与饲养管理密切相关，乳房炎危害性主要有以下几种。

(1)奶产量降低　临床型乳房炎占奶牛总发病的21%～23%，会造成奶量下降，病乳废弃，严重者，发病后无奶。如以每日产奶25千克计，第三个泌乳月发病，将直接损失牛奶4 000千克。

(2)乳营养成分降低　病牛由于乳腺的分泌细胞受到损伤或破坏，引起分泌功能障碍，乳糖、乳脂、总固体及总蛋白量减少；由于乳房炎症的发生，乳房血管的扩张及渗透压的改变，血液成分中的白细胞、碳酸氢钠、蛋白质等渗出并进入腺泡，致使乳成分发生明显改变，导致pH值升高，白细胞增多，氯化物增高。

(3)影响食品卫生

①残留抗生素　治疗病牛大量使用抗生素，使乳中残留。被人们食用后可引起过敏反应，如皮疹、不适，严重者发生过敏性休克。长期饮用抗生素奶，可使人体内细菌产生耐药性，给医治疾病带来较大困难。

②存在致病因子　乳房炎奶中含有大量炎性因子、病原

微生物及其产生的毒素，可危害消费者健康。

因此乳房炎奶必须废弃。

(4) 浪费饲料，增加药费 病牛经治愈后产奶量不会很快恢复，使饲料成本大大增加。有的牛痊愈后乳头不出奶。如果牛场有 4 头各瞎掉一个乳区的奶牛，这就意味多饲养一头奶牛，造成饲料浪费。治疗药费开支是可观的。

180. 奶牛乳房炎的病因有哪些？

乳房炎的病因绝大多数是由多种非特异性病原微生物感染引起的，主要有细菌、霉形体、真菌、病毒等。另外，冻伤、外伤、化学刺激等也可引起乳房炎。

革兰氏阳性菌中由葡萄球菌和链球菌引起的感染占80％～90％。葡萄球菌属中主要是金黄色葡萄球菌，本菌多见于泌乳高峰期，常为慢性，也可呈最急性；链球菌属中主要是无乳链球菌。隐性乳腺炎以无乳链球菌为主，还有停乳链球菌、乳房链球菌、化脓链球菌；化脓性棒状杆菌多见于干奶牛和青年牛，虽发生得少，但很难治疗，通常因外伤引起。此外，细球菌属、双球菌属、分枝杆菌属也可引起乳房炎。

革兰氏阴性菌中主要是大肠杆菌、克雷伯氏杆菌和产气杆菌。大肠杆菌，多见于高产奶牛及产后泌乳高峰期，常呈最急性。病情急，病程短，可因毒血症、高热、精神委顿、食欲废绝、腹泻、乳汁水样黄色、迅速停乳，甚至死亡。

霉形体、真菌、病毒等在乳房炎的病原上并不重要，一般不呈现乳房及乳汁的可见性变化。

181. 如何防治奶牛乳房炎？

奶牛乳房炎根据临床症状，以乳房和乳汁有无肉眼可见病理变化可分为:临床型乳房炎和非临床型乳房炎(隐性乳房炎)。一般来讲临床型乳房炎损失 30%,非临床型乳房炎损失 70%,故在养牛生产管理中,对隐性乳房炎的检测和治疗非常重要。

(1)临床型乳房炎

①症状　乳房红肿热痛,泌乳减少;乳汁异常(如稀薄、带色、pH 值呈碱性、有凝块或絮状沉淀、体细胞数增多、盐分增高等),甚至伴有全身症状(如败血症)。

②分类　据炎性分为浆液性、卡他性、纤维蛋白性、化脓性和出血性乳房炎;据病程分为急性、亚急性和慢性三类。

急性:突出肿胀,发展很快,乳房皮肤发紫,非常疼痛,体温升高,卧地鸣叫,挤不出奶,应及时请有经验的兽医抢救。

亚急性:乳房有肿痛的症状,有全身症状。

慢性:乳房有硬块或乳头管有条状硬组织。乳房持续感染,通常无临床症状,偶尔可发展为临床型。有的表现为不时出现轻微的乳房和乳汁变化,有的为突然发作而后转变为隐性乳房炎。

③诊断　正常牛奶肉眼检查没有乳凝块、颗粒物,如果挤奶后用纱布过滤,特别是头把牛奶中有凝块和颗粒状物质,表明乳房有感染。

④治疗　临床型乳房炎以治为主,且局部与全身相结合;局部用药多以乳管注射或基底封闭,全身用药多以静脉或肌内注射,且常配合中药疗法。预防应做好卫生消毒工作。

乳房内注药治疗:常用的药物包括青霉素类、链霉素、四环素、卡那霉素和磺胺类。将药物稀释成一定浓度,通过乳头管直接注入乳池,在局部保持较高浓度。操作时先挤净患区的乳汁或分泌物,用碘酊或酒精擦拭乳头管及乳头,经乳头管口向乳池内插入带有胶管的灭菌乳导管，另一端接注射器，将药液徐徐注入乳池，注完后取出导管，以手指捻动乳头管片刻，再用双手掌自下而上轻轻向上按摩，迫使药物向上扩散，每日 2～3 次，连用 3～4 天，临床症状消退后继续 1～2 天，停药后 10 天左右，做一次乳汁化验，如仍未愈，需更换药物治疗，注药前可肌注10～20 单位催产素，然后挤奶。

中药治疗可选用清热解毒、活血化瘀的方剂，或市场销售的成药针剂。

辅助治疗：具有缓解局部症状，改善食欲等作用。按摩乳房和增加挤奶次数，可以促使病原体排出，减少炎性对乳腺的刺激。按摩乳房应自上而下，强力粗暴地揉、捏、压、搓会增加组织损伤。出血性乳房炎及急性发作期禁止按摩。乳房高度肿胀，热痛时可冷敷、冰敷、冷淋，以缓解局部症状。

外敷治疗：外敷中药膏剂对缓解乳房肿胀和疼痛也是很有效的方法，如：中草药软膏、鱼石脂软膏、樟脑油膏等。

(2) 非临床型乳房炎

①症状　无可见临床症状，但用特殊的试验可以检出乳汁的变化。

②诊断　检测乳中细胞数，pH 值，导电率，或用专用试剂进行诊断。

乳汁细胞检查：当奶牛发生乳房炎时，乳汁中的体细胞数目，特别是白细胞数目显著增加。这是由于乳房感染细菌后，细菌的代谢产物诱导多形核白细胞进入乳腺细胞的结果。同时，损伤脱落的上皮细胞也进入乳中，致使乳汁中的体细胞增加。

乳汁 pH 值的检查：乳房炎乳汁的 pH 值呈碱性，碱性的高低，反映了炎症的程度。通常使用的方法有溴麝香草酚蓝法和乳房炎试纸法。

专用试剂检查：如北京奶牛中心 SMT 试剂（乳房炎诊断试剂）。

乳汁导电率检测：可以通过检测乳汁的导电率来检测隐性乳腺房炎。判断隐性乳房炎的关键是确定不同牛群正常乳汁的阈值。

③治疗　隐性乳腺炎应以防为主，防治结合。隐性乳腺炎虽无乳房和乳汁肉眼可见的异常，但发病率高，影响产奶量和奶的品质，危及牛的健康且容易转变为临床型。

隐性乳房炎治疗一般不采用抗生素。口服中药制剂是较为常见的治疗方法，如使用公英散、大瓜蒌根散，可取得显著效果。

盐酸左旋咪唑，具有免疫调节能力，按每千克体重 7.5 毫克与精料混匀，1 日 1 次，连用 2 天，或产奶期补充维生素 E 和硒元素有预防隐性乳房炎的效果

干奶期预防，是控制乳房炎最为有效的时期。方法是干奶前 20 天用 SMT 法检查各乳区，对阳性乳区进行治疗。治愈后恢复正常的，在干乳前最后一次挤乳后，可使用抗生素，如邻氯青霉素－氨苄青霉素乳剂灌注乳头进行封闭。

另外可进行乳头药浴预防。挤奶器械须严格清洗消毒，挤奶前擦洗热敷乳房。挤奶结束后，用消毒药液浸泡乳头 20 秒，以杀灭乳头末端及周围和乳头管内的病原体。常用的药液有洗必泰、次氯酸钠、新洁尔灭等。0.3%～0.5%的洗必泰效果最好，次氯酸钠次之。

加强平时对隐性乳腺炎检测工作，进行有效治疗。

182. 奶牛发生乳池狭窄及闭锁怎么办？

奶牛乳池狭窄及闭锁主要是由粗暴的挤奶、乳头挫伤或由慢性乳房炎所致，常发生在一个乳头池的基部。各种乳房炎症或外伤引起乳头基部及其附近结缔组织增生（肥厚、肉芽肿）、疤痕，以及黏膜的乳头状瘤、纤维瘤等，均可造成本病。偶见有先天性乳池狭窄及闭锁。

(1)症 状 整个（乳头）乳池狭窄时，乳池壁变厚、腔缩小，乳头变硬，乳池中无乳。局部狭窄时，患叶常常充满乳汁，奶虽能挤出，但乳池再度充满十分缓慢。触诊乳池壁有环形、不能移动的增厚部分，乳导管插入受阻。有时可摸到肿瘤或瘢痕组织硬块。

(2)治 疗

①*乳头扩张法* 挤奶时用通奶针穿通狭窄或闭锁部，向外导奶。导完奶后，将涂有抗生素软膏的塑料管穿入并存留，在下次挤奶前抽出。或用带螺纹的铁丝插入乳头管磨挫增生物。也可用乳头管扩张塞治疗（乳头管扩张塞为专用器械，有大小不同型号）。乳头狭窄时，可在挤奶前半小时，插入乳头管扩张塞，挤奶时取下。使用时要注意充分消毒。先用细的，由细到粗逐渐扩张。扩张塞在乳头管中停留时间不宜过长，以免造成黏膜损伤和括约肌麻痹而漏奶。

用通奶针治疗。将粗细不同的几个通奶针用线拴住末端，然后浸入液氮罐内约 2～3 分钟，先提出细通奶针，戴上手套捏住拴线的一端，迅速插入乳池管内，并停留 1 分钟，随后抽出换下一个针。通奶针由细到粗插入，反复进行多次，最后向乳池内灌入青霉素和普鲁卡因溶液。若一次冷冻效果不满意，隔 2～3 日可重复冷冻。

如果采用以上方法仍无效果时，则应放弃该乳区的挤奶，使其自行干奶，其他乳区有代偿产奶功能。

②*手术方法* 病牛行浅麻或局麻，站立保定。术部用5%碘酊消毒再用75%酒精脱碘。平行乳头做3厘米左右长切口，切口下端距乳头0.5厘米以上。若乳头不通是因瓣膜阻塞造成，用尖刀戳破瓣膜后乳池中乳汁便喷涌而出，停止出奶后，剪除瓣膜即可。若乳头末端被豆粒大小增生物阻塞，则先插入通乳针，当乳头切开后，外翻乳头，以乳头孔为中心以十字形将增生物切开，并剪除增生物，显露乳头孔。缝合应用细丝线将乳头管黏膜连续缝合，连续缝合皮肤，涂布碘酊。对乳头与乳池交界部被增生物阻塞者手术不易成功。对乳头管已形成"铅笔"样大面积阻塞者可将增生物切除后植入导管。术部护理即可，勿全身用抗生素。

183. 如何处理奶牛外伤？

奶牛由于金属利器或尖利的铁钉、竹屑、石块、玻璃等的刺伤，或相斗致伤，野兽或毒蛇的咬伤或车轧、碰撞或摔跌等外力作用而引起的软组织开放性损伤，必须及时予以处置。新创伤的治疗措施包括：

(1)创伤止血 除压迫、钳夹、结扎等方法外，还可应用止血剂，如外用止血粉撒布创面，必要时可应用安络血、维生素K_3或氯化钙等全身性止血剂。

(2)清洁创围 用灭菌纱布将创口盖住，剪除周围被毛，用0.1%新洁尔灭溶液或生理盐水将创围洗净，然后用5%碘酊做创围消毒。

(3)清理创腔 除去覆盖物，用镊子仔细除去创内异物，反复用生理盐水洗涤创内，然后用灭菌纱布轻轻地吸蘸创内残存的药物和污物，再于创面涂布碘酊。

(4)缝合与包扎 创面比较整齐，外科处理比较彻底时，可行密闭缝合；有感染危险时，行部分缝合；创口裂开过宽，可缝合两端；组织损伤严重或不便缝合时，可行开放疗法。四肢下部的创伤，一般应行包扎。若组织损伤或污染严重时，应及时注射破伤风类毒素、抗生素。

184. 如何治疗奶牛化脓性感染创伤？

(1)化脓创伤的治疗 清洁创围。用0.1%高锰酸钾溶液或3%双氧水或0.1%新洁尔灭溶液等冲洗创腔。扩大创口，开张创缘，除去深部异物，切除坏死组织，排出脓液。最后用松碘油膏或10%磺胺乳剂等涂布创面或纱布条引流。有全身症状时可适当选用抗菌消炎类药，并注意强心解毒。

(2)肉芽创伤的治疗 清理创围。清洁创面，用生理盐水轻轻清洗。局部用药，应选用刺激性小、能促进肉芽组织和上皮生长的药物，如松碘油膏或3%龙胆紫等。肉芽组织赘生时，可用硫酸铜腐蚀。

185. 如何防治奶牛肢蹄病？

奶牛肢蹄病主要指骨质疏松造成的蹄病，包括蹄变形、蹄叶炎、腐蹄病、指(趾)间赘生、蹄皮炎、蹄糜烂和蹄底创伤等疾病。肢蹄病是造成奶牛淘汰的三大疾病之一，因肢蹄病淘汰的母牛占13%以上。

(1)病因 日粮中钙、磷不足或钙磷比例不当。日粮中缺锌，影响蹄角化过程，容易发生腐蹄病。饲料维生素D的来源主要是经日光暴晒的优质豆科或禾本科牧草。因此，粗饲料特别是干草品质低劣是引发奶牛肢蹄病的重要原因之一。

日粮中精料过多，容易引起瘤胃酸度过高，是蹄叶炎发病的重要原因。运动场地面不平、过硬，容易造成蹄底损伤，运动场低洼、潮湿、泥泞、粪便不及时清理，容易造成蹄底感染。夏季炎热多雨，蹄部长期在污水中浸泡，蹄角质变软，很容易受到坏死杆菌感染。坏死杆菌是腐蹄病的主要病原微生物。蹄形有一定的遗传力，不良蹄形母牛的后代容易发生蹄变形。不能坚持定期修蹄制度也可诱发肢蹄病。

(2)预防与治疗

①预防措施　日粮配合应注意合理的精粗比、能量蛋白比和钙磷比及维生素 A、维生素 D 的补充。精料中每头每日添加硫酸锌2～4 克，对预防腐蹄病的发生效果显著。保持运动场平整、干燥、清洁，夏季注意排水。定期查蹄、修蹄、护蹄，有条件可采用 4%硫酸铜溶液对蹄部进行药浴或在牛必经通道上撒布长 5 米、宽 2 米的生石灰粉进行干燥蹄浴。

②治疗方法

蹄叶炎：蹄叶是位于蹄匣和趾骨间的真皮组织。蹄叶炎是发生在包围趾骨的真皮组织的非感染性炎症，以真皮组织的水肿、出血和细胞死亡为特征。奶牛 65%的蹄病直接或间接地与蹄叶炎有关。蹄叶炎可分为急性、亚急性和慢性三个阶段，在三个阶段奶牛通常有特定的姿势以减轻疼痛。本病多取急性经过，奶牛初患病时出现体温上升、心音亢进、脉搏和呼吸数增加、食欲不佳和产奶量下降等症状。严重时病牛起立和运动都困难，大多呈横卧姿势，轻症病例不爱运动，表现特有的步态和弯背姿势，蹄有热感，叩诊及钳压疼痛，特别是蹄前部明显，慢性型大多是急性型继发而来，症状明显减轻，另外，蹄的形态明显改变，呈典型的“拖鞋蹄”或芜蹄。

急性蹄叶炎发病初期可泻血 3 000～5 000 毫升，大量给予抗组织胺药，如灌服苯海拉明0.5～1.0克，每天1～2次；采用普鲁卡因封闭疗法，或采用镇痛及抗炎药物治疗，如用阿司匹林、乙酰丙嗪等镇痛药物消肿止痛。非类固醇抗炎症药(阿司匹林、甲氯灭酸、消炎痛等)可阻碍炎性反应，减少症状。非类固醇抗炎药和对乙酰氨基酚(扑热息痛)可直接减轻疼痛和发热。另外可注射肾上腺皮质激素，如可的松。

有报道，采用"人"字形皮下注射上述药物治疗奶牛肢蹄病，方法简单、疗效好、见效快。方法是用氢化可的松注射液35毫升溶解青霉素240万～400万单位，再抽取2%盐酸普鲁卡因注射液6毫升，作为一次注射量；避开血管，在腕关节前上方或跗关节外侧上方，最好在皮肤松软处注射药物。左手提起皮肤呈皱褶状，用8或9号针头刺入皮下，回抽仅见气泡无血液时，进行"人"字形皮下注射，每日或隔日注射1次，一般连续注射2～3次即可。

大量静脉注射碳酸氢钠、葡萄糖、复方氯化钠溶液。5%的碳酸氢钠500毫升，5%的糖盐水1 000毫升、维生素C 5克、氯化钙10克、安钠咖20毫升，静脉注射，每天1次；0.9%生理盐水1 000毫升、5%葡萄糖500毫升、25%葡萄糖500毫升、加水杨酸钠300毫升、维生素C 5克、氢化可的松200毫克，静脉注射，每天1次。

186. 怎样给奶牛修蹄?

蹄病是对奶牛危害最大的疾病之一，奶牛行走困难或跛足使奶牛减产、繁殖力降低、生长缓慢、减少使用寿命。修蹄是防止蹄病最有效的方法。

修蹄是削去蹄底已枯干的角质和蹄壁过长的角质，修整不正常的蹄形(如过长的蹄尖)等，以及治疗蹄底腐烂等疾病。

(1)修蹄准备　修蹄必需准备保定架，大型牛场可购置翻滚式修蹄架，中小型牛场准备二柱栏、六柱栏即可。修蹄工具有蹄钳、削蹄铲、正、反镰形蹄刀（适用于左、右手操作）、钩形蹄刀、蹄挫、弓锯、保定绳、修蹄尺等。有条件的可装备电动削蹄工具。药品应准备消毒棉、20%甲醛溶液、10%戊二醛、硫酸铜、7%碘酊、松馏油、高锰酸钾、10%金霉素凡士林软膏、绷带以及奶牛蹄病专用护理鞋等。

(2)修蹄时间　每年至少对奶牛进行2次保健性修蹄，最佳的修剪时间应该为分娩前的3～6周和泌乳期的120天左右。以泌乳期120天左右修蹄对奶牛的生产影响较小。应该纠正以往在春、秋两季进行大规模修蹄的错误提法。

(3)修蹄方法　修蹄取站立和横卧保定。先用清水冲洗并用毛刷将蹄底和蹄匣刷洗干净，检查蹄底、蹄匣及蹄踵部是否有龟裂、坏死病灶等，根据实际情况确定修整方案。如果检查基本正常只进行简单修整，如果变形严重或者腐蹄等则进行特殊处理。

①正常保健修整　进行牛蹄简单修整一般先清理、切削蹄底部，由蹄踵到蹄底再到蹄尖。先将蹄壁底缘（蹄底最外层的角质）有裂缝、损坏和不平的部分剪去或削掉，然后用蹄铲修削平整。对于过长的蹄尖，可以用强力蹄钳剪掉、或用锯锯掉，再修整至蹄底与地面平行为止。削蹄时注意用手指按压蹄底要有硬度，一旦出现粉红色，即要停止。削蹄时要一小片一小片地削，以免伤蹄。切削完毕后将蹄缘、蹄尖磨圆、锉齐。如蹄叉处有炎症，可涂擦碘酊；蹄踵处有溃烂，可涂擦10%金霉素凡士林软膏。修蹄的最终目的一是要使蹄的负面平整，二是要加大负面纵径，以便能均匀地负担体重安全走步。

②按蹄形标准修蹄　常用于蹄变形严重或对牛蹄做较大

修整。

奶牛蹄形要求为趾指背侧长 75 毫米左右，趾尖厚 5～10 毫米，蹄底与蹄纵侧面成 45°角左右。趾指背侧 75 毫米是指从蹄匣硬角质的起始位置到趾尖的距离，对于成年荷斯坦奶牛前肢来说，这个长度比较恰当，后肢要略长于这个尺寸，公牛和特大型乳牛可适度延长；趾尖厚 5～10 毫米是趾尖与蹄底间的距离。

修蹄时量好趾指背侧尺寸，用强力蹄钳垂直剪除超出 75 毫米的趾尖角质。注意不要小于 75 毫米，防止过削。后肢从内侧趾开始修剪（测量内侧趾的前背部），然后修剪外侧趾，使其与内侧趾匹配。而前肢应该从外侧趾开始修剪。

整修蹄底面，从蹄球与蹄底相连的部位开始向前修剪，修至趾尖与蹄底间的距离为 5 毫米。修剪后的蹄底部应该平整。蹄球部如没有损伤，一般不要修剪（图 9-9）。

图 9-9 理想的修复效果

检查白线，修剪后的蹄底白线应该保持完整，内侧有合适的弧度。

检查负重的均匀性，修剪后的蹄底或两趾必须在同一个平面，才能保证负重的均匀分布。将刀柄横向放置在蹄底的前后端，竖向放置在每个趾指底部，可检查它们是否平整。

187. 如何防治奶牛酮血症？

奶牛酮血症多因饲养不当，饲料内蛋白、脂肪过剩，糖类和维生素不足，致使血糖降低，肝脏生糖作用增强，产生大量酮体而发病。高产奶牛运动不足以及患有肝脏疾病或胰岛素产生不足，也往往引起该病。

(1) 症　状

①消化不良型　病初奶牛出现食欲不振，继而反刍减少，瘤胃蠕动音减弱，粪便干硬或腹泻，量少而恶臭。多数奶牛产奶量下降，乳房无明显变化，乳汁易形成泡沫，状如初乳，有特异的醋酮气味。后期肝脏浊音区扩大，体温正常或偏低。呼吸数减少呈腹式呼吸。

②神经型　病初兴奋不安，听觉过敏，咬肌痉挛，有时未吃食而不断虚嚼和流涎。有的横冲直撞狂暴不安。其症状维持一两天后，即转为抑制状态，头低沉，反应迟钝，精神委顿，步态蹒跚。有的后期颇似产后瘫痪，常发生昏迷状态。

③临床型　仅见血酮升高，轻度食欲减退，产奶量少或乳脂低下，其余无明显症状，最易被忽视。

(2) 防治方法

①改善饲养，调整饲料　停喂或少喂豆科类精料，给予易消化的糖类饲料，适当减少青贮饲料的饲喂量，多给青干草并驱使奶牛加强运动。

② 补充血糖，提高血糖含量　静脉注射25%～50%葡萄糖溶液 500～1 000 毫升，也可腹腔注射 20%葡萄糖溶液。

③解除酸中毒　可用 5%碳酸氢钠溶液（小苏打溶液）300～500 毫升，20%安钠咖注射液 10～20 毫升，混合后静脉滴注，每日 1 次；或内服碳酸氢钠 20～30 克，每日 2～3 次。

患病牛处于昏迷时可皮下注射胰岛素 80～100 单位，并静脉滴注大剂量 5%葡萄糖溶液（大约在 2000 毫升以上）。

神经型病牛可静脉滴注 8%水合氯醛硫酸镁溶液 100～200 毫升。

应用健胃剂、瘤胃兴奋剂、强心剂及维生素 A、维生素B_1、维生素 B_{12}、维生素 C 等对症治疗。

取红糖、白糖各 200 克，生姜 50 克，大枣 10 枚，煎汤灌服，每日早晚各 1 次，连用 10 日即可。

188. 如何防治奶牛流产?

(1) 病　因

①非感染性因素　营养不足或缺乏某些维生素、微量元素等可能引起流产。饲喂发霉、变质的饲料，或误食某些混有农药或有毒植物的饲料而引起流产，如硝酸盐、亚硝酸盐、麦角碱、玉米赤霉烯酮等。或者早期胚胎死亡。

怀孕母牛突然急剧运动、摔倒、腹部受到顶撞、挤压等引起子宫反射性收缩而流产。

环境温度突然升高、牛只口服或注射某些药物、激素、疫苗等也能引起流产。

生殖器官疾病、胎儿胎膜病变及非传染性的全身性疾病以及与怀孕有关的生殖激素失调等也会导致胚胎死亡及流产。

②感染性因素　感染性因素被认为是引起流产最常见的因素之一。

细菌性感染因素：环境中存在的致病细菌，如化脓性放线菌、杆菌以及链球菌等，都可以导致牛群零星发生流产。布鲁氏菌引起的流产一般发生于怀孕后期。李斯特杆菌导致的流产大部分发生在怀孕 3 个月左右。致病胎儿通常发生自溶，所含细菌可能成为奶牛多种类型流产的最普遍诱因，而母牛在此后能出现抗感染能力。

病毒性因素：病毒性腹泻病毒可通过循环到达胎盘，引发早期胚胎的死亡和流产，不流产的可能会出现木乃伊胎。牛传染性鼻气管炎病毒所引起的流产通常发生在怀孕的第 4 个月以后。赤羽病病毒可引起流产、早产、死胎、胎儿畸形、新生胎儿关节弯曲、积水性无脑症和流行性暂时热。

霉菌和寄生虫因素：冬春季常发生霉菌引起的流产，占整个流产比例的 10%～20%，可在怀孕 60 天左右流产，但主要集中在孕期最后 2 个月。新孢子虫引起的流产通常在怀孕中期(4～5 个月期间)零星发生。牛胎儿毛滴虫主要通过交配传播，人工授精时则因公牛精液带虫或授精器械受污染而传播。所以本病的感染多发于配种季节。

(2)症　状

①隐性流产　母牛在怀孕初期，特别是在妊娠 30～45 天，胚胎终止或死亡，胚胎组织发生浸溶性变化，被母体吸收或在发情时被排出体外。

②妊娠母牛早产　常发生在妊娠后期，往往有前兆，其特征是预产期前 2～3 天，母牛的乳房突然肿大，阴唇稍微肿胀，阴门排出清亮的黏液。

③死胎或小产　母牛受到意外伤害，胎儿死亡后数天从母体排出。

④木乃伊胎儿病变　胎儿死亡后，由于宫缩微弱，子宫颈口未张开或开张较小，造成死胎长期滞留在母牛子宫体内。

(3)诊断与治疗

①先兆性流产的检查方法　母牛分娩期过早地出现轻度

腹痛、起卧不安、呼吸与脉搏明显加快现象；阴道检查时，子宫颈口闭锁，子宫颈口液塞尚未液化；直肠检查胎儿往往还在活动。治疗用抑制子宫收缩的安胎药物。如肌注孕酮50～100毫克，或黄体酮50～100毫克，每日或隔日1次，连续5～7次。禁止实施阴道检查，尽量控制直肠检查的次数，最大程度减少对怀孕母牛的刺激。

②木乃伊胎儿的处治　木乃伊胎儿病变也叫胎儿干尸化。母牛子宫颈如果已开张，可以向子宫体内投注温皂水或油剂，直肠排压子宫体，使木乃伊胎儿排出，然后向宫体投注抗生素类药物。母牛的子宫颈如果未开张或开张不全，可肌内注射苯甲酸雌二醇30～200毫克或肌内注射已烯雌酚20～30毫克，然后，肌内注射催产素10～20毫克或肌内注射前列腺素，增加子宫的收缩功能，将木乃伊胎儿排出体外。

③对胚胎组织发生浸溶性变化的处治　胎儿软组织已基本液化时应尽可能将胎骨逐一取出，如遇骨骼分离困难，须进行肢解再取出。首先肌内注射已烯雌酚20～30毫克，待子宫扩张后，将液体石蜡灌注到母牛子宫及阴道内，取出骨片，然后用5%～10%的盐水或2‰高锰酸钾溶液冲洗子宫，然后肌内注射催产素10～20毫克或肌内注射前列腺素，最后向宫体投注抗生素类药物。

189. 奶牛卵巢疾病的种类与治疗有哪些？

(1)卵巢静止

①病因　营养不良，诸如能量、蛋白质不足，矿物质如钙、磷、硒等不足，严重的消化性疾病、消瘦、贫血等。

②症状与诊断要点　长时间不发情，一直处于安静状态，食欲、运动、生产一般无明显变化。

直肠检查卵巢表面长期无明显增大发育趋向的成熟卵子，子宫角、子宫体、子宫颈检查无明显的病变。

③治疗　单纯的卵巢静止，改善营养的同时可选用下列药物治疗。

促情药：雌二醇、苯甲酸雌二醇、环戊丙酸雌二醇、炔雌醇等。

雌三醇制剂：合成制剂如已烯雌酚、氯烯雌醚等。

促排卵药：克罗米酚、尿促性腺激素、绒毛膜促性腺激素。

(2)卵巢萎缩

①病因　长期严重的营养不良(如能量、蛋白质不足，矿物质如钙、磷、硒等不足)和患重症消耗性疾病；卵巢本身的炎症最终造成萎缩，直检卵巢体积变小，质硬，表面平整，无正常发育的卵子；一旦发展成为卵巢萎缩，一般无治疗意义。

②症状与诊断要点　长时间不发情，一直处于安静状态，动物食欲、运动、生产一般无明显变化。直肠检查卵巢表面长期无明显发育趋向的成熟卵子，子宫角、子宫体、子宫颈检查无明显的病变。

(3)持久黄体　怀孕黄体或周期黄体在分娩或排卵后，超过一定时间(25～30天)而不消失，并继续保持其生理功能者称之为持久黄体，是母牛不孕症的重要原因之一。本病常继发于子宫蓄脓、子宫炎等疾病。

①症状与诊断　母牛长期不发情。直肠检查，可发现病侧卵巢增大，表面有突出的黄体，质地硬实。10～15天后再直检仍无变化。经2次检查上述情况无变化，则可诊断为本病(应排除妊娠黄体)。

②治疗　药物治疗常用：前列腺素制剂，如氯前列烯醇、前列腺素等；垂体前叶促性腺激素，绒毛膜促性腺激素；已烯雌酚、催产素等。

(4)卵泡囊肿

①症状与诊断　常见于内分泌功能紊乱，垂体促黄体素分泌功能紊乱，促卵泡素分泌过多等。运动不足，卵巢、子宫生殖器官炎症，症状为发情周期变短，发情期延长，重症时呈现慕雄狂病态。

直肠检查，卵巢上有一个或数个有波动感的囊泡，其直径一般超过 2 厘米，必要时应在 2～3 天后再检查一次，患本病时囊肿无继续变化。

②治疗　可选用人绒毛膜促性腺激素、促黄体素、孕酮等。

190. 如何防治奶牛子宫内膜炎？

(1)类型及症状　奶牛子宫内膜炎按病程分为急性、慢性；按炎症分为卡他性、卡他性脓性、脓性子宫内膜炎等。急性子宫内膜炎常因产后感染病原微生物引起或配种消毒不严而感染，少数可由全身败血症转移引起，慢性常由急性转变而来。主要类型及症状有以下几种：

①急性型　体温升高，精神沉郁，产奶量下降，食欲、反刍减少，常呈现拱背、努责，从阴门内排出少量黏液和脓性分泌物。

阴道检查，阴道有少量脓性分泌物滞留，子宫颈口呈现不同程度的开张状态。

直肠检查，子宫角比正常产后同期大，壁厚，收缩反应弱、敏感。重症可引起子宫壁深层的炎症和盆腔炎。

②慢性型　一般全身症状不明显，部分病牛体温呈稍微升高现象，食欲变化不定。部分病牛性周期正常，部分病牛不发情或不正常，但都屡配不孕，阴道检查常可见子宫排出的稍混浊的黏液或浆性脓性分泌物，子宫颈是否开张不定。

直肠检查，子宫角壁增厚变粗，收缩反应弱，如子宫角积液则可有波动感。如子宫颈明显收缩闭合，只见发情时排出黏液或脓性黏液。

(2)治　疗

①子宫冲洗　可选用0.9%盐水，1%～2%小苏打、0.1%～0.2%雷佛奴尔，0.1%高锰酸钾溶液等冲洗子宫，水温可略高于体温0.3℃左右，冲洗后尽可能将液体导出来。

②子宫灌注　常用各种抗生素如青霉素或生理盐水灌入子宫内，根据病情1日1次或隔日1次。如在配种前需灌注清洁子宫，经验证明，只有青霉素和链霉素对精子比较安全，而且间隔不能少于2～3小时后才能配种(有的材料介绍不能少于8小时)。

③激素治疗　前列腺素、已烯雌酚、催产素、绒毛膜促性腺激素等配合上述药物进行治疗。

④中药制剂　完带汤、益母鸡冠汤等。

奶牛子宫内膜炎治愈后，一般会很快发情，也可内服或注射一些促进发情和排卵的药物。

191. 如何防治奶牛产后瘫痪?

奶牛产后瘫痪又称乳热症，该病的发生是成年母牛分娩后突然发生的一种营养代谢障碍性疾病。一般发生在高产奶牛分娩后的1～3天，临床病理以低血钙为主。

(1)临床症状　病初奶牛精神不振，食欲、反刍减弱或停止，四肢肌肉震颤，头颈稍扭曲呈“S”状，目光迟钝，反射减弱或消失，对体表敏感部位如肛门、口唇等针刺无反应，体温正常，病重者体温下降。

(2)治疗　治疗原则是提高血钙含量，减少钙的流失，强心补液，缓解全身症状。

25%葡萄糖500毫升、10%的葡萄糖酸钙1 000毫升、10%的葡萄糖1 000毫升、糖盐水1 000毫升、安钠咖2克、维生素C 4支、安乃近5支，混合一次静脉注射，每天用药2次，连用2天。

25%葡萄糖500毫升、10%的葡萄糖1 000毫升、复方氯化钠1 000毫升、5%的氯化钙250毫升、安钠咖2克、维生素C 4支、安乃近5支，混合一次静脉注射，每天用药2次，连用2天。

补钙后病牛如果机敏活泼但还不能站起时，多数有严重的低血磷症，可用20%磷酸二氢钠200毫升静脉注射。如有酸中毒症状应静脉注射5%的碳酸氢钠500毫升以缓解机体的酸中毒症状。如果仍不见效，应考虑有无其他并发症。

乳房送风法治疗时应注意彻底消毒，防止乳房炎的发生和乳房损伤。民间有的用健康奶牛的乳汁注射到病牛的四个乳区，至乳区全部充满后用布带包扎，也能收到良好的效果。

(3)预防 加强饲养管理。妊娠后期要注意日粮搭配，分娩前限制日粮中钙的含量和分娩后增加钙含量是预防本病的有效措施。建议在分娩前4～5周内，将奶牛日粮钙磷比例调整为1∶1。临产前1周或在分娩前3～4天，静脉注射2次钙剂，会减少本病的发病率，也利于分娩。分娩前肌注维生素$D_3$1 000万单位也有良好的作用。产前20天妊娠奶牛日粮中添加阴离子盐也可预防本病。

平衡日粮，多喂一些胡萝卜和青绿饲料，增加光照，使体内维生素A、维生素D增多，促进钙磷吸收。

192. 如何进行奶牛脐疝手术处理?

(1)处理方法 术前禁食或减食1天,可饮水,实行全身麻醉,仰卧保定,疝部剃毛消毒,平行于牛身将疝囊切开,钝性剥离疝囊内层。将疝囊内容物还纳于腹腔内,切除部分疝囊及皮肤,将疝轮扩创形成新的创面,将疝做纽扣状缝合,再连续缝合创缘,最后结节缝合皮肤,并打以结系绷带,术毕。

(2)注意事项 疝囊切开时小心不要切到疝内容物。若脐疝发生嵌闭,将疝囊切开后,要扩大疝轮,以便还纳疝内容物,若被嵌闭部分有肠管且已坏死,则应将坏死肠管切除行断端吻合术,再行还纳。缝合疝轮时,为了防止伤及腹腔内脏器官,在刺入和拔出缝针时,需在插入疝轮内的手指控制下进行。

193. 如何实施奶牛滑膜囊炎处理术?

(1)手术方法 患牛实施全身麻醉,病变部位向上,伸直患肢,侧卧保定。局部剃毛消毒。切开皮肤及皮下组织,切破滑膜囊,放出积液。若囊内已化脓,则排出全部脓汁,先用双氧水冲洗,再用生理盐水冲洗干净。切除滑膜囊的内层结缔组织膜。再用生理盐水冲洗后,涂布云南白药或磺胺类消炎粉。皮肤切口结节缝合、涂布碘酊。绷带包扎。

(2)注意事项 手术成功关键是剥除滑膜囊的内膜。术部消毒可全身用抗生素3～5天。

194. 如何进行奶牛阴道瘤切除术?

(1)手术方法 患牛站立保定,尾根穴或后海穴麻醉。用0.1%高锰酸钾冲洗阴道及肿瘤。对较小的肿瘤可先在肿瘤基部与阴道之间结扎，在结扎线上将肿瘤切除。对较大肿瘤可用缝合结扎的办法，对肿瘤基部边做结扎缝合边切除。

(2)注意事项 该手术防止出血是关键，因此结扎止血一定要确实。对切口较大的要缝合。切口注意经常涂布消炎药物，以防感染。

195. 奶牛剖腹产手术如何操作?

(1)剖腹产助产术的适应情况 奶牛分娩时，正常努责，但胎儿紧紧充实在产道之内，并且头颈弯曲，经过助产仍很难将胎儿拉出，牵拉前肢时，胎儿有生理性反应。

奶牛具有正常分娩表现，如阵缩及努责等，但无胎儿和胎膜露出，做产道检查时，子宫颈稍开张，手放入胎儿口中，轻拉舌头，有生理性反应，但经过助产无法拉出胎儿。

奶牛分娩时正常阵缩及努责，难产检查发现，胎儿有生理性反应，且胎儿正生、仰卧、头颈弯曲，矫正比较困难，胎儿较大。

(2)剖腹产手术步骤

①保定与麻醉 采用侧卧保定方法，保定时两前腿绑好向前拉，两后腿绑好向后拉，头部用绳固定。麻醉时采取全身麻醉和术部局部麻醉相结合的方法，全身麻醉采用2%普鲁卡因分别在第一腰椎、第二腰椎、第四腰椎的前、后、前角垂直刺针(20号注射长针)，注入20毫升麻药，针略拔出再向椎侧平行刺入，在皮下注射10毫升，以麻醉神经末梢侧枝，确保麻醉效果；术部局部麻醉采用0.5%普鲁卡因浸润菱形麻醉。

②手术部位 奶牛腹部离乳静脉约10厘米处切口。

③手术过程 术部剃毛消毒超出切口周围约10厘米，用肥皂清洗。剃毛后，用75%的酒精药棉擦拭消毒；5%的碘酊

涂擦;对术部用2%普鲁卡因50毫升,进行菱形局部浸润麻醉;第二次涂5%的碘酊,然后用75%的酒精棉球脱碘。

直线切开皮肤长约25厘米,逐层切开皮肌、腹外斜肌,钝性分离腹内斜肌、腹横肌,切开腹膜,打开腹腔。此时由助手用灭菌纱布覆盖并压迫创口两侧,防止由于腹压过高,腹腔内肠管脱出。

术者戴好一次性长臂手套,伸入腹腔确定孕角,隔着子宫壁握住胎儿弯曲的两后肢,将子宫和胎儿拉出创口,此时由助手用灭菌纱布将子宫与腹腔隔离,防止切开子宫时胎水流入腹腔,并由助手握住胎儿的两后肢,防止子宫和胎儿缩回腹腔,然后沿子宫大弯处切开子宫,切口长约25厘米,由助手固定子宫切口两侧,术者将胎膜剪开,排出胎水,握住两后肢,与助手一起拉出胎儿。取出胎儿后,迅速剥离胎衣,有的胎衣不易剥离,只能尽量取出部分胎衣。

缝合子宫用0.9%生理盐水冲洗子宫及切口,尽量使冲洗液流在腹腔外,并用纱布擦拭。向子宫内撒土霉素粉10克左右,先用羊肠线连续缝合,再内翻缝合,生理盐水冲洗子宫后将其重新放回腹腔内;用羊肠线将腹膜缝合或者与腹横肌一起缝合,防止腹膜撕裂。缝到最后几针时,向腹腔内倒入80万单位青霉素钾10瓶、100万单位链霉素10瓶;依次由内向外用羊肠线缝合各层,每缝好一层撒80万单位青霉素、100万单位链霉素各5瓶,皮肤采用18号丝线等分结节缝合,最后再用0.9%生理盐水冲洗创口,并在创口涂抹10毫升干奶油剂。

(3)手术小结 奶牛应以自然分娩为主,不要过多干预。助产时严格按规程操作,不要轻易采取剖腹手术,因为剖腹手术对母牛的影响较大,会导致母牛以后受孕困难,甚至有生命危险。只有在采用其他助产方法无效情况下，才进行剖腹手术。

在手术前做好充分准备，包括手术环境、器械、药品准备及助手安排，在整个手术过程中，严格消毒，尽量做到无菌操作。

奶牛剖宫产后应保持牛床清洁、干燥，多铺清洁干草或者木屑，并注意观察其食欲、体温变化、伤口愈合情况。病牛体质较差时可适当补液强心，做到精心饲喂，严格护理，尽快使母牛恢复体力。

196. 如何防治奶牛棉籽饼中毒？

棉籽饼中含有毒物质棉酚，长期以棉籽饼喂牛时，可使牛出现维生素 A 和钙缺乏症，表现为食欲减退，消化系统紊乱，尿频、尿淋漓或形成尿道结石，使牛不能排尿。用棉籽饼喂牛 5～6 个月，可引起牛的夜盲症。若一次喂给大量的棉籽饼，可引起牛的急性中毒。病牛食欲废绝，反刍停止，瘤胃内容充盈，蠕动弛缓，排粪量少而干，患病后期牛可能排稀粪，排尿时可能带血。病牛眼窝下陷，皮肤弹性下降，严重脱水和明显消瘦。

(1)预防 限量限期饲喂棉籽饼，防止一次过食或长期饲喂。饲料必须多样化。用棉籽饼作饲料时，要加温到 80℃～85℃并保持 3～4 小时以上，弃去上面的漂浮物，冷却后再饲喂。也可将棉籽饼用 1%氢氧化钙液或 2%熟石灰水或0.1%硫酸亚铁液浸泡 1 昼夜，然后用清水洗后再喂。牛每天饲喂量不超过 1.5 千克，犊牛最好不喂。霉败变质的棉籽饼不能用作饲料。

(2)治疗 消除致病因素，停止饲喂棉籽饼，用 0.1%高锰酸钾洗胃，也可用5%大苏打溶液洗胃。将硫酸镁或硫酸钠300～500克溶于2 000～3 000毫升水中，给牛灌服，以促使牛加快排泄。若病牛并发胃肠炎时，可将磺胺脒30～40克和鞣酸蛋白20～50克，溶于500～1 000毫升水中，给牛灌服。此外，也可用硫酸亚铁7～15克给牛灌服。同时，采取措施对症治疗。当病牛有脱水症状且心功能不好时，可用25%葡萄糖500～1 000毫升，10%安钠咖20毫升，10%氯化钙100毫升，混合后静脉注射。对发病的牛增喂青绿饲草及胡萝卜，有助于病牛的康复。

197. 奶牛尿素中毒如何抢救？

(1)症状　神情不安，呻吟，流涎量多，有时口鼻流出泡沫状液体，肌肉震颤、痉挛，走路如醉酒状，后躯无力，呼吸困难，心跳快，脉搏每分钟达90次以上，病后期大量出汗，肛门松弛，瘤胃臌气，瞳孔放大，窒息死亡。

(2)临床病理学变化　血氨浓度升高达8毫克/100毫升(正常牛为0.2～0.6毫克/100毫升)，红细胞压积增高10%～15%。白细胞数逐渐增多，尿液pH值升高呈碱性，临死时下降；血钾增高；瘤胃氨含量升高达5毫克/100毫升以上，pH值升高至7.9。

(3)病理变化　全身皮下血管怒张；瘤胃内容物具氨味，真胃、小肠充血与出血；肺水肿；胸腔积液，心内膜出血，心包积液；肝、肾肿大与脂肪变性；脑膜、脑室及脉络充血。

诊断本病可根据有饲喂尿素过量或突然加喂尿素的经过；呼吸困难和强直性痉挛的典型表现；剖检见瘤胃pH值升高及肺水肿等，可以初步做出诊断。而血氨的升高超过了正常值0.6千克/100毫升以上，即可确诊。

(4)抢救措施

①5%碳酸氢钠溶液 400～600 毫升，静脉注射。

②10%葡萄糖酸钙 200～300 毫升，静脉注射。

③用 35%～38%的甲醛溶液 2～3 毫升，加水至 150 毫升，慢慢灌服，到中毒症状完全消失为止。

④中和瘤胃的氨，用 1 000 毫升食用醋加进 20%～30%的糖溶液 1 500～2 000 毫升，一次灌服。

⑤用 300～500 克鲜葛根，研成细粉，加适量水后一次灌服。

⑥静脉注射 5%糖盐水或硫代硫酸钠溶液。先放血 200～300 毫升，再使用 5%葡萄糖生理盐水 2 000～3 000 毫升、维生素 C 5 克、10%樟脑磺酸钠 20 毫升，混匀后一次静脉注射，或用5%～10%硫代硫酸钠 100～200 毫升，一次静脉注射。

⑦洗胃或瘤胃切开法为了迅速将瘤胃内容物排除，减少氨的继续吸收，可用大孔的胃管插入瘤胃将其内容物导出，或直接切开瘤胃，取出胃内容物，这是极为确切有效的治疗措施。

198. 如何进行奶牛农药中毒急救？

(1)有机磷农药中毒　有机磷农药种类繁多，在农业上广泛使用的杀虫剂如对硫磷(1605)、敌敌畏、乐果、辛硫磷、敌百虫、马拉硫磷等，污染饲草及饮水后都可引起奶牛的中毒。

①症状　患牛突然发病，表现为流涎、流泪、口角有白色泡沫、瞳孔缩小、视力减弱或消失、肠音亢进、排粪次数增多或腹泻带血。严重的病例则表现为狂躁不安、共济失调、肌肉痉挛及震颤、呼吸困难。晚期病牛出现癫痫样抽搐，脉搏和呼吸

减慢,最后因呼吸肌麻痹而窒息死亡。

②治疗　立即使用阿托品与解磷定进行综合治疗。大剂量使用阿托品(即一般用量的2～3倍)0.06～0.2克,皮下注射或静脉注射,每隔1～2小时1次,可使症状明显减轻。在此治疗基础上配合解磷定或氯磷定5～10克,配成2%～5%水溶液静脉注射,每隔4～5小时用药1次。有效反应为瞳孔放大、流涎减少、口腔干燥、视力恢复,症状显著减轻或消失。另外,双复磷比氯磷定效果更好,剂量为10～20毫克/千克体重,对有严重脱水的病牛,应当静脉补液,对心功能差的病牛,应使用强心药。

对于经口食入毒物而致病的牛可早期洗胃;对因体表接触引起的中毒,可进行体表刷洗。

(2)氟乙酰胺中毒　氟乙酰胺又称毒鼠强(作内吸性杀虫农药称敌蚜胺),剧毒农药,残效期长。牛误食(饮)被氟乙酰胺处理或污染的植物、种子或谈水时,即会发生中毒。

①症状　牛发生氟乙酰胺中毒有以下两种类型:

突然发病死亡型:病牛死前无明显症状,中毒后9～18小时突然倒地并剧烈抽搐、惊厥或角弓反张,而后迅速死亡。此类型又称为牛暴死症。

潜伏发病型:牛中毒5～7天后,仅表现食欲减退,不反刍,不合群,靠墙站立或卧地不起,有的可逐渐康复,有的则在卧地后不久死亡;有的病牛在中毒后第二天,表现为精神沉郁,食欲减退,反刍减少。3～5天后稍受外界刺激即尖叫、狂奔、全身颤抖、呼吸迫促,持续3～5分钟后症状消退,但可反复发作。经多次发作后,牛在抽搐中因呼吸抑制和心力衰竭而死亡。

②治疗　用解氟灵每天0.1克/千克体重,肌内注射,首

次用量为每天用药量的一半。注射3～4次，至抽搐症状消退为止。也可用白酒250～400毫升，一次灌服，或用96%无水酒精100毫升，10%葡萄糖注射液500毫升，混合后静脉注射。同时进行对症治疗。对有惊厥症状者，可给予镇静药，如氯丙嗪300～500毫克，肌内注射。对有呼吸困难症状者，可给予25%尼可刹米8～10毫升，肌内注射。

对本病应以预防为主，禁喂被氟乙酰胺污染的饲草和饮水；使用该药处理过的农作物、饲草，必须间隔60天以上，在其残毒消失后才可用来喂牛。

199. 怎样防治奶牛亚硝酸盐中毒？

亚硝酸盐中毒是由于牛采食了富含硝酸盐的饲草、饲料和水而引起的中毒性疾病。饲料中的硝酸盐在硝酸盐还原菌的作用下，生成亚硝酸盐。所以亚硝酸盐的产生主要取决于饲料中硝酸盐的含量和硝酸盐还原菌的活力。饲料中硝酸盐的含量，因植物种类的不同而有差异。含有大量硝酸盐的饲料有萝卜叶、白菜、萝卜、甜菜、芜菁、油菜、燕麦、多花黑麦草、黑麦、马铃薯等。凡能促进硝酸盐生成和吸收的因素（如过量施用氮肥、土地肥沃、未发酵好的粪肥等），以及凡能妨碍硝酸盐利用和蛋白质同化过程的因素（如光照不足、气候突变、除草剂喷洒、矿物质缺乏等）都会使植物中的硝酸盐含量增高。饮用硝酸盐含量高的水，也是造成亚硝酸盐中毒的原因，如过量施用氮肥地区的田间水、深井水，以及厩舍、厕所、垃圾堆附近的地面水或水泡水，因其含硝酸盐达0.17%～0.3%，有的甚至高达0.8%～1%，被牛饮用后极易造成中毒。

①症状　典型临床症状为皮肤、黏膜发绀。连续多日给予含大量硝酸盐的饲料时，发病特急，症状与采食量和牛体健

康程度有关。病初表现精神沉郁,反刍停止,食欲废绝,乳房和乳头逐渐变为白色,流涎,咬牙,下痢,体温正常或降低,继而眼、唇、舌、外阴等部黏膜发绀,心音亢进,呼吸急促,呕吐,腹痛,腹泻,步态蹒跚,抽搐等。心脏衰弱和呼吸困难症状更为突出,病牛卧地不起,经1～2小时即死亡。血液呈巧克力色,凝固不良。

②诊断　依据临床主要症状以及病牛发病突然、发生的群体性、饲料调制失衡等可作初步诊断。也可通过在现场做变性血红蛋白检查和亚硝酸盐简易检验进行确诊。

③防治　预防措施为加强饲养管理,青绿饲料应摊开敞放,严禁堆放,受雨淋变质时要停喂,接近收割的青绿饲料不应施用大量的氮肥。

美蓝是治疗本病的特效药,它能将高铁血红蛋白还原成血红蛋白。1%的美蓝溶液按每千克体重0.8毫升静脉注射,能产生保护作用。

甲苯胺蓝的疗效优于美蓝,其还原高铁血红蛋白的速度比美蓝快37%,配成5%的溶液按每千克体重5毫升静脉注射,还可作肌内或腹腔注射,并配合注射保护肝脏和增强心脏功能的药物。

如出现休克,应给予兴奋剂,有条件的给予吸氧缓和其症状。对慢性病例,应给予维生素A、维生素D、维生素E制剂。

200. 奶牛兽医临床用药应注意哪些问题?

(1)奶牛临床使用抗菌药不宜口服给药　口服抗菌药,会严重影响瘤胃,微生物的生长、繁殖,从而影响正常消化功能。

(2)选择使用抗菌药剂应掌握的原则　抗菌药剂可分为两大类:Ⅰ类为常用抗菌药,可选青霉素钾或钠盐(主抗革兰氏阳性菌)、氨苄青霉素(抗革兰氏阳性与阴性菌)、庆大霉素(用于青霉素无效的抗革兰氏阳性和阴性菌);Ⅱ类为特需抗菌药,例如兽用卡那霉素、硫氰酸红霉素、恩诺沙星等。一般应先用Ⅰ类(一种或二种合用),疗效不佳再用Ⅱ类(或遇特别病症时)。任何一种抗菌药使用2～3次后症状若无明显改善,则要及时换药;如果有效则要坚持使用维持量一个疗程(一般为2～3日)。

(3)合理选择用药,注意和避免产生耐药性

①准确选药　一些过去有效的药物,因为病原微生物产生了耐药性,已成为无效药。近几年试验证明,链球菌对青霉素、链霉素、红霉素、磺胺嘧啶、强力霉素和诺氟沙星等已产生了抗药性,临床上再使用这些药物治疗链球菌感染,肯定不会有效果。而链球菌对庆大霉素、头孢霉素、氨苄青霉素、氧氟沙星、恩诺沙星仍然高度敏感,应是首选药物。

②尽量选择联合用药,但不能长期使用单一固定药方　如最常用的青霉素、链霉素、地塞米松配伍处方,在效果不好时,要及时换药,避免产生耐药性。

(4)注意药物配伍禁忌,合理配伍用药　在配伍用药时,要注意药物的理化特性和配伍禁忌。临床常见的不合理配伍用药很多,如:庆大霉素与青霉素、5%碳酸氢钠;链霉素与庆大霉素、卡那霉素;乳酶生与复方新诺明、磺胺脒;20%磺胺嘧啶钠与青霉素G钾、维生素C注射液等均属不合理配伍,既导致配伍药物失效或产生毒副作用,又无故增加了用药成本。

(5)正确掌握用药剂量

①严格掌握法定剂量　药物的用量有法定剂量与临床经验剂量之分,法定剂量根据《中国兽药典》和《兽药规范》规定,例如某些有毒副作用的抗生素(如链霉素、氯霉素、强力霉素

等），磺胺类药，麻醉药（如水合氯醛、巴比妥类），作用于受体的药剂（如毛果芸香碱、阿托品，肾上腺素等），抗寄生虫药（丙硫苯咪唑，左咪唑、硝氯酚、三氮脒、），激素类（如人绒毛膜促性腺激素、催产素、强的松、地塞米松），疫苗与血清等对剂量要求严格，要按法定剂量应用。麻醉剂、抗寄生虫药、解毒剂等，要严格按体重计量用药。

②**合理掌握临床经验剂量**　临床经验剂量是临床兽医经验用量。一般以《中国兽药典》为依据灵活掌握，临床要以安全有效为度，不可无限增加剂量。抗菌药合用一般应减量，如青霉素与链霉素合用，两药均可适当减量（至少减 1/3）；磺胺类药严格按体重计算用量，首剂要用加倍量，在疗程内使用维持量，坚持使用维持量一个疗程（2～3 日）以上。

(6)对症选药，不受误导　青霉素价廉且抗感染效果好，一般无毒副作用，故常有不分治疗目的滥用现象；忽略某些价廉而有实效药剂的正常使用，如复方磺胺类药；受广告宣传误导，不清楚、不考虑临床效果，把新、贵的抗生素作常规药应用等都是错误的。

(7)正确使用疫苗　疫苗超过有效期或保存不当（非低温环境贮存），使用生水稀释疫苗或不按浓度要求稀释疫苗；疫苗注射剂量不足（如皮下注射穿透皮肤，释放动物太急等）；不按规范程序免疫；免疫器械消毒不严格，注射疫苗时一个针头用到底，既不更换针头也不消毒；使用活菌制剂时，配合使用抗生素或含有抗生素的饲料及饲料添加剂。这些因素都影响疫苗使用效果。

附　录

附表 1　成年母牛维持营养需要

（中华人民共和国农业行业标准 NY/34—2004）

体重（千克）	日粮干物质（千克）	奶牛能量单位（NND）	产奶净能（兆焦）	可消化粗蛋白质（克）	小肠可消化粗蛋白质（克）	钙（克）	磷（克）	胡萝卜素（毫克）	维生素 A（单位）
350	5.02	9.17	28.79	243	202	21	16	63	25000
400	5.55	10.13	31.8	268	224	24	18	75	30000
450	6.06	11.07	34.73	293	244	27	20	85	34000
500	6.56	11.97	37.57	317	264	30	22	95	38000
550	7.04	12.88	40.38	341	284	33	25	105	42000
600	7.52	13.73	43.1	364	303	36	27	115	46000
650	7.98	14.59	45.77	386	322	39	30	123	49000
700	8.44	15.43	48.41	408	340	42	32	133	53000
750	8.89	16.24	50.96	430	358	45	34	143	57000

注：1. 对第一个泌乳期的维持需要按上表基础增加 20%，第二个泌乳期增加 10%。2. 如第一个泌乳期的年龄和体重过小，应按生长牛的需要计算实际增重的营养需要。3. 放牧运动时，须在上表基础上增加能量需要量，按正文中的说明计算。4. 在环境温度低的情况下，维持能量消耗增加，须在上表基础上增加需要量，按正文中的说明计算。5. 泌乳期间，每增重 1 千克体重需增加 8 NND 和 325 克可消化粗蛋白质；每减重 1 千克体重需扣除 6.56 NND 和 250 克可消化粗蛋白质

附表 2　母牛妊娠最后四个月的营养需要

体重（千克）	怀孕月份	日粮干物质（千克）	奶牛能量单位（NND）	产奶净能（兆卡）	产奶净能（兆焦）	可消化粗蛋白质（克）	小肠可消化粗蛋白质（克）	钙（克）	磷（克）	胡萝卜素（毫克）	维生素A（单位）
350	6	5.78	10.51	7.88	32.97	293	245	27	18	67	27
	7	6.28	11.44	8.58	35.90	327	275	31	20		
	8	7.23	13.17	9.88	41.34	375	317	37	22		
	9	8.7	15.84	11.84	49.54	437	370	45	25		
400	6	6.3	11.47	8.60	35.99	318	267	30	20	76	30
	7	6.81	12.4	9.30	38.92	352	297	34	22		
	8	7.76	14.13	10.60	44.36	400	339	40	24		
	9	9.22	16.8	12.60	52.72	462	392	48	27		
450	6	6.81	12.4	9.30	38.92	343	287	33	22	86	34
	7	7.32	13.33	10.00	41.84	377	317	37	24		
	8	8.27	15.07	11.30	47.28	425	359	43	26		
	9	9.73	17.73	13.30	55.65	487	412	51	29		
500	6	7.31	13.32	9.99	41.80	367	307	36	25	95	38
	7	7.82	14.25	10.69	44.73	401	337	40	27		
	8	8.78	15.99	11.99	50.17	449	379	46	29		
	9	10.24	18.65	13.99	58.54	511	432	54	32		
550	6	7.8	14.2	10.65	44.56	391	327	39	27	105	42
	7	8.31	15.13	11.35	47.49	425	357	43	29		
	8	9.26	16.87	12.65	52.93	473	399	49	31		
	9	10.72	19.53	14.65	61.30	535	452	57	34		

续附表 2

体重（千克）	怀孕月份	日粮干物质（千克）	奶牛能量单位（NND）	产奶净能（兆卡）	产奶净能（兆焦）	可消化粗蛋白质（克）	小肠可消化粗蛋白质（克）	钙（克）	磷（克）	胡萝卜素（毫克）	维生素A（单位）
600	6	8.27	15.07	11.30	47.28	414	346	42	29	114	46
	7	8.78	16	12.00	50.21	448	376	46	31		
	8	9.73	17.73	13.30	55.65	496	418	52	33		
	9	11.2	20.4	15.30	64.02	558	471	60	36		
650	6	8.74	15.92	11.94	49.96	436	365	45	31	124	50
	7	9.25	16.85	12.64	52.89	470	395	49	33		
	8	10.21	18.59	13.94	58.33	518	437	55	35		
	9	11.67	21.25	15.94	66.70	580	490	63	38		
700	6	9.22	16.76	12.57	52.60	458	383	48	34	133	53
	7	9.71	17.69	13.27	55.53	492	413	52	36		
	8	10.67	19.43	14.57	60.97	540	455	58	38		
	9	12.13	22.09	16.57	69.33	602	508	66	41		
750	6	9.65	17.57	13.13	55.15	480	401	51	36	143	57
	7	10.16	18.51	13.88	58.08	514	431	55	38		
	8	11.11	20.24	15.18	63.52	562	473	61	40		
	9	12.58	22.91	17.18	71.89	624	526	69	43		

注：1. 怀孕牛干奶期按上表计算营养需要。2. 怀孕期如未干奶除按上表计算营养需要外，还应增加产奶的营养需要

附表 3　生长母牛的营养需要

体重（千克）	日增重（克）	日粮干物质（千克）	奶牛能量单位（NND）	产奶净能（兆卡）	产奶净能（兆焦）	可消化粗蛋白质（克）	小肠可消化粗蛋白质（克）	钙（克）	磷（克）	胡萝卜素（毫克）	维生素A（单位）
40	0		2.2	1.65	6.9	41	—	2	2	4	1.6
	200		2.67	2.00	8.37	92	—	6	4	4.1	1.6
	300		2.93	2.20	9.21	117	—	8	5	4.2	1.7
	400		2.23	2.42	10.13	141	—	11	6	4.3	1.7
	500		3.52	2.64	11.05	164	—	12	7	4.4	1.8
	600		3.84	2.86	12.05	188	—	14	8	4.5	1.8
	700		4.19	3.14	13.14	210	—	16	10	4.6	1.8
	800		4.56	3.42	14.31	231	—	18	11	4.7	1.9
50	0		2.56	1.92	8.04	49	—	3	3	5	2
	300		3.32	2.49	10.42	124	—	9	5	5.3	2.1
	400		3.6	2.70	11.30	148	—	11	6	5.4	2.2
	500		3.92	2.94	12.31	172	—	13	8	5.5	2.2
	600		4.24	3.18	13.31	194	—	15	9	5.6	2.2
	700		4.6	3.45	14.44	216	—	17	10	5.7	2.3
	800		4.99	3.74	15.65	238	—	19	11	5.8	2.3
60	0		2.89	2.17	9.08	56	—	4	3	6	2.4
	300		3.67	2.75	11.51	131	—	10	5	6.3	2.5
	400		3.96	2.97	12.43	154	—	12	6	6.4	2.6
	500		4.28	3.21	13.44	178	—	14	8	6.5	2.6
	600		4.63	3.47	14.52	199	—	16	9	6.6	2.6
	700		4.99	3.74	15.65	221	—	18	10	6.7	2.7
	800		5.37	4.03	16.87	243	—	20	11	6.8	2.7

续附表 3

体重（千克）	日增重（克）	日粮干物质（千克）	奶牛能量单位(NND)	产奶净能（兆卡）	产奶净能（兆焦）	可消化粗蛋白质（克）	小肠可消化粗蛋白质（克）	钙（克）	磷（克）	胡萝卜素（毫克）	维生素A（单位）
70	0		3.21	2.41	10.09	63	—	4	4	7	2.8
	300		4.01	3.01	12.60	142	—	10	6	7.9	3.2
	400		4.32	3.24	13.56	168	—	12	7	8.1	3.2
	500		4.64	3.48	14.56	193	—	14	8	8.3	3.3
	600		4.99	3.74	15.65	215	—	16	10	8.4	3.4
	700		5.36	4.02	16.82	239	—	18	11	8.5	3.4
	800		5.76	4.32	18.08	262	—	20	12	8.6	3.4
80	0		3.51	2.63	11.01	70	—	5	4	8	3.2
	300		1.8	3.24	13.56	149	—	11	6	9	3.6
	400		4.64	3.48	14.57	174	—	13	7	9.1	3.6
	500		4.96	3.72	15.57	198	—	15	8	9.2	3.7
	600		5.32	3.99	16.70	222	—	17	10	9.3	3.7
	700		5.71	4.28	17.91	245	—	19	11	9.4	3.8
	800		6.12	4.59	19.21	268	—	21	12	9.5	3.8
90	0		3.8	2.85	11.93	76	—	6	5	9	3.6
	300		4.64	3.48	14.57	154	—	12	7	9.5	3.8
	400		4.96	3.72	15.57	179	—	14	8	9.7	3.9
	500		5.29	3.97	16.62	203	—	16	9	9.9	4
	600		5.65	4.24	17.75	226	—	18	11	10.1	4
	700		6.06	4.54	19.00	249	—	20	12	10.3	4.1
	800		6.48	4.86	20.34	272	—	22	13	10.5	4.2

续附表 3

体重（千克）	日增重（克）	日粮干物质（千克）	奶牛能量单位（NND）	产奶净能（兆卡）	产奶净能（兆焦）	可消化粗蛋白质（克）	小肠可消化粗蛋白质（克）	钙（克）	磷（克）	胡萝卜素（毫克）	维生素A（单位）
100	0		4.08	3.06	12.81	82	—	6	5	10	4
	300		4.93	3.70	15.49	173	—	13	7	10.5	4.2
	400		5.27	3.95	16.53	202	—	14	8	10.7	4.3
	500		5.61	4.21	17.62	231	—	16	9	11	4.4
	600		5.99	4.49	18.79	258	—	18	11	11.2	4.4
	700		6.39	4.79	20.05	285	—	20	12	11.4	4.5
	800		6.81	5.11	21.37	311	—	22	13	11.6	4.6
125	0		4.73	3.55	14.86	97	82	8	6	12.5	5
	300		5.64	4.23	17.70	186	164	14	7	13	5.2
	400		5.96	4.47	18.71	215	190	16	8	13.2	5.3
	500		6.35	4.76	19.92	243	215	18	10	13.4	5.4
	600		6.75	5.06	21.18	268	239	20	11	13.6	5.4
	700		7.17	5.38	22.51	295	264	22	12	13.8	5.5
	800		7.63	5.72	23.94	322	288	24	13	14	5.6
	900		8.12	6.09	25.48	347	311	26	14	14.2	5.7
	1000		8.67	6.50	27.20	370	332	28	16	14.4	5.8
150	0		5.35	4.01	16.78	111	94	9	8	15	6
	300		6.31	4.73	19.80	202	175	15	9	15.7	6.3
	400		6.61	5.00	20.92	226	200	17	10	16	6.4
	500		7.05	5.29	22.14	254	225	19	11	16.3	6.5
	600		7.47	5.60	23.44	279	248	21	12	16.6	6.6
	700		7.92	5.94	24.86	305	272	23	13	17	6.8

续附表 3

体重（千克）	日增重（克）	日粮干物质（千克）	奶牛能量单位（NND）	产奶净能（兆卡）	产奶净能（兆焦）	可消化粗蛋白质（克）	小肠可消化粗蛋白质（克）	钙（克）	磷（克）	胡萝卜素（毫克）	维生素A（单位）
	800		8.04	6.30	26.36	331	296	25	14	17.3	6.9
150	900		8.92	6.69	28.00	356	319	27	16	17.6	7
	1000		9.49	7.12	29.80	378	339	29	17	18	7.2
	0		5.93	4.45	18.62	125	106	11	9	17.5	7
	300		7.05	5.29	22.14	210	184	17	10	18.2	7.3
	400		7.48	5.61	23.48	238	210	19	11	18.5	7.4
	500		7.95	5.96	24.94	266	235	21	12	18.8	7.5
175	600		8.43	6.32	26.45	290	257	23	13	19.1	7.6
	700		8.96	6.72	28.12	316	281	25	14	19.4	7.8
	800		9.53	7.15	29.92	341	304	27	15	19.7	7.9
	900		10.15	7.61	31.85	365	326	29	16	20	8
	1000		10.81	8.11	33.94	387	346	31	17	20.3	8.1
	0		6.48	4.86	20.34	160	133	12	10	20	8
	300		7.56	5.74	24.02	244	210	18	11	21	8.4
	400		8.11	6.08	25.44	271	235	20	12	21.5	8.6
	500		8.59	6.44	26.95	297	259	22	13	22	8.8
200	600		9.11	6.83	28.58	322	282	24	14	22.5	9
	700		9.67	7.25	30.34	347	305	26	15	23	9.2
	800		10.25	7.69	32.18	372	327	28	16	23.5	9.4
	900		10.91	8.18	34.23	396	349	30	17	24	9.6
	1000		11.6	8.70	36.41	417	368	32	18	24.5	9.8

续附表 3

体重（千克）	日增重（克）	日粮干物质（千克）	奶牛能量单位（NND）	产奶净能（兆卡）	产奶净能（兆焦）	可消化粗蛋白质（克）	小肠可消化粗蛋白质（克）	钙（克）	磷（克）	胡萝卜素（毫克）	维生素A（单位）
250	0		7.53	5.65	23.64	189	157	15	13	25	10
	300		8.83	6.62	27.70	270	231	21	14	26.5	10.6
	400		9.31	6.98	29.21	296	255	23	15	27	10.8
	500		9.83	7.37	30.84	323	279	25	16	27.5	11
	600		10.4	7.80	32.64	345	300	27	17	28	11.2
	700		11.01	8.26	34.56	370	323	29	18	28.5	11.4
	800		11.65	8.74	36.57	394	345	31	19	29	11.6
	900		12.37	9.28	38.83	417	365	33	20	29.5	11.8
	1000		13.13	9.83	41.13	437	385	35	21	30	12
300	0		8.51	6.38	26.70	216	180	18	15	30	12
	300		10.08	7.56	31.64	295	253	24	16	31.5	12.6
	400		10.68	8.01	33.52	321	276	26	17	32	12.8
	500		11.31	8.48	35.49	346	299	28	18	32.5	13
	600		11.99	8.99	37.62	368	320	30	19	33	13.2
	700		12.72	9.54	39.92	392	342	32	20	33.5	13.4
	800		13.51	10.13	42.39	415	362	34	21	34	13.6
	900		14.36	10.77	45.07	438	383	36	22	34.5	13.8
	1000		15.29	11.47	48.00	458	402	38	23	35	14
350	0		9.43	7.07	29.59	243	202	21	18	35	14
	300		11.11	8.33	34.86	321	273	27	19	36.8	14.7
	400		11.76	8.82	36.91	345	296	29	20	37.4	15
	500		12.44	9.33	39.04	369	318	31	21	38	15.2

续附表 3

体重（千克）	日增重（克）	日粮干物质（千克）	奶牛能量单位（NND）	产奶净能（兆卡）	产奶净能（兆焦）	可消化粗蛋白质（克）	小肠可消化粗蛋白质（克）	钙（克）	磷（克）	胡萝卜素（毫克）	维生素A（单位）
350	600		13.17	9.88	41.34	392	338	33	22	38.6	15.4
	700		13.96	10.47	43.81	415	360	35	23	39.2	15.7
	800		14.83	11.12	46.53	442	381	37	24	39.8	15.9
	900		15.75	11.81	49.42	460	401	39	25	40.4	16.1
	1000		16.75	12.56	52.56	480	419	41	26	41	16.4
400	0		10.32	7.74	32.39	268	224	24	20	40	16
	300		12.28	9.21	38.54	344	294	30	21	42	16.8
	400		13.03	9.77	40.88	368	316	32	22	43	17.2
	500		13.81	10.36	43.35	393	338	34	23	44	17.6
	600		14.65	10.99	45.99	415	359	36	24	45	18
	700		15.57	11.68	48.87	438	380	38	25	46	18.4
	800		16.56	12.42	51.97	460	400	40	26	47	18.8
	900		17.64	13.24	55.40	482	420	42	27	48	19.2
	1000		18.8	14.10	59.00	501	437	44	28	49	19.6
450	0		11.16	8.37	35.03	293	244	27	23	45	18
	300		13.25	9.94	41.59	368	313	33	24	48	19.2
	400		14.04	10.53	44.06	393	335	35	25	49	19.6
	500		14.88	11.16	46.70	417	355	37	26	50	20
	600		15.8	11.85	49.59	439	377	39	27	51	20.4
	700		16.79	12.58	52.64	461	398	41	28	52	20.8
	800		17.84	13.38	55.99	484	419	43	29	53	21.2
	900		18.99	14.24	59.59	505	439	45	30	54	21.6

续附表3

体重（千克）	日增重（克）	日粮干物质（千克）	奶牛能量单位（NND）	产奶净能（兆卡）	产奶净能（兆焦）	可消化粗蛋白质（克）	小肠可消化粗蛋白质（克）	钙（克）	磷（克）	胡萝卜素（毫克）	维生素A（单位）
450	1000		20.23	15.17	63.48	524	456	47	31	55	22
500	0		11.97	8.98	37.58	317	264	30	25	50	20
	300		14.37	10.78	45.11	392	333	36	26	53	21.2
	400		15.27	11.45	47.91	417	355	38	27	54	21.6
	500		16.24	12.18	50.97	441	377	40	28	55	22
	600		17.27	12.95	54.19	463	397	42	29	56	22.4
	700		18.39	13.79	57.70	485	418	44	30	57	22.8
	800		19.61	14.71	61.55	507	438	46	31	58	23.2
	900		20.91	15.68	65.11	529	458	48	32	59	23.6
	1000		22.33	16.75	70.09	548	476	50	33	60	24
550	0		12.77	9.58	40.09	341	284	33	28	55	22
	300		15.31	11.48	48.04	417	354	39	29	58	23
	400		16.27	12.20	51.05	441	376	30	30	59	23.6
	500		17.29	12.97	54.27	465	397	31	31	60	24
	600		18.4	13.80	57.74	487	418	45	32	61	24.4
	700		19.57	14.68	61.43	510	439	47	33	62	24.8
	800		20.85	15.64	65.44	533	460	49	34	63	25.2
	900		22.25	16.69	69.84	554	480	51	35	64	25.6
	1000		23.76	17.82	74.56	573	496	53	36	65	26
600	0		13.51	10.15	42.47	364	303	36	30	60	24
	300		16.39	12.29	51.43	441	374	42	31	66	26.4
	400		17.48	13.11	54.86	465	396	44	32	67	26.8

续附表 3

体重（千克）	日增重（克）	日粮干物质（千克）	奶牛能量单位（NND）	产奶净能（兆卡）	产奶净能（兆焦）	可消化粗蛋白质（克）	小肠可消化粗蛋白质（克）	钙（克）	磷（克）	胡萝卜素（毫克）	维生素A（单位）
600	500		18.64	13.98	58.50	489	418	46	33	68	27.2
	600		19.88	14.91	62.39	512	439	48	34	69	27.6
	700		21.23	15.92	66.61	535	459	50	35	70	28
	800		22.67	17.00	71.13	557	480	52	36	71	28.4
	900		24.24	18.18	76.07	580	501	54	37	72	28.8
	1000		25.93	19.45	81.38	599	518	56	38	73	29.2

附表 4　每产 1 千克奶的营养需要

乳脂率（%）	日粮干物质（千克）	奶牛能量单位（NND）	产奶净能（兆焦）	可消化粗蛋白质（克）	小肠可消化粗蛋白质（克）	钙（克）	磷（克）	胡萝卜素（毫克）	维生素A（单位）
2.5	0.31～0.35	0.8	2.51	49	42	3.6	2.4	1.05	420
3	0.34～0.38	0.87	2.72	51	44	3.9	2.6	1.13	452
3.5	0.37～0.41	0.93	2.93	53	46	4.2	2.8	1.22	486
4	0.40～0.45	1	3.14	55	47	4.5	3	1.26	502
4.5	0.43～0.49	1.06	3.35	57	49	4.8	3.2	1.39	556
5	0.46～0.52	1.13	3.52	59	51	5.1	3.4	1.46	584
5.5	0.49～0.55	1.19	3.72	61	53	5.4	3.6	1.55	619

附表5　母牛发情各阶段的表现

观察项目	发情前期	发情盛期	发情后期
外部表现	精神敏感不安，外阴部充血，肿胀两耳直立，两眼清亮	减食，外阴部皱褶消失，产奶量下降	外阴部肿胀逐渐消失，皱褶出现
爬跨情况	追爬其他母牛，但不让其他的牛爬跨	与其他牛相互爬跨，当被其他牛爬跨时站立不动	逃避其他牛的爬跨
黏液变化	开始流出少量稀薄而透明黏液	黏液量增多，半透明黏稠，牵拉成丝状	量减少，透明，黏稠度和牵拉性稍差
卵泡变化	滤泡开始发育，小而明显，膜厚而硬	滤泡大，直径可达1～1.5厘米。膜薄，紧张而光滑	滤泡突出于卵巢表面，水泡感明显滤泡膜薄而柔软，有一触即破之感
持续时间	3～8小时	5～15小时	5～10小时

附表6　奶牛人工授精最佳时间表

	发情前期	发情期		排卵期	卵子存活期	
时间（小时）	6～10	18	发情结束	12	6～10	出血
		＞可配	配种（输精）适时	＜可配		
	AI早了				AI晚了	

注：AI为人工授精。一般在发情结束或排卵前3～6小时进行人工授精

附表7 奶牛不育的原因与分类

不育类型		引起的原因
先天性不育		幼稚病，生殖器官畸形，雌雄间性，异性孪生〈不孕体〉，近亲繁殖
后天性不育	饲养性的不育	饲料中某些氨基酸缺乏，维生素种类不足或量缺乏，矿物质、微量元素不足或平衡失调，饲料数量不足，饥饿。
后天性不育	管理利用性不育	运动不足，哺乳期过长，挤奶过度，厩舍卫生不良
繁殖技术性不育	发情鉴定	1. 未注意到发情，漏配。2. 发情鉴定技术不良，配种不适时
繁殖技术性不育	配种	1. 本交或未及时让公畜配种(漏配)。2. 配种不确实，精液品质不佳(公畜饲养管理不良，配种或采精过度)，公畜配种困难。3. 人工授精时，精液处理不当，精子受到损害，输精技术不当
繁殖技术性不育	妊娠检查	不及时进行妊娠检查，或妊娠检查不准确，未发现未孕
气候水土性不育		由外地新引进的品种，不适应本地环境，气候变化无常，影响卵泡发育
衰老性不育		生殖器官萎缩，机能减退
疾病性不育		1. 生殖器官疾病：a. 配种、接产、手术助产消毒不严，产后护理不当；b. 流产、难产、胎衣不下以及子宫脱出等引起子宫阴道感染。2. 卵巢、输卵管疾病：卵巢静止、卵巢囊肿、持久黄体等，输卵管炎症等。3. 公畜生殖器官疾病 4. 传染病和寄生虫病：结核病、布鲁氏菌病、沙门氏菌病。支原体病，衣原体病，媾疫(近亲交配)，阴道滴虫病，血液原虫病等。5. 影响生殖功能的其他疾病

注：摘自郑昌乐编著的《母牛疾病防治》

附表8　奶牛饲养允许使用的药物及使用方法

（2001年9月农业部发布）

类别	药　名	制　剂	用法与用量（用量以有效成分计）	休药期
抗菌药	氨苄西林钠 ampicillin sodium	注射用粉针	肌内、静脉注射，一次量10～20毫克/千克体重，2～3次/日，连用2～3日	6天，奶废弃期2天
		注射液	皮下或肌内注射，一次量5～7毫克/千克体重	
	氨苄西林钠＋氯唑西林钠（干乳期） ampicillin sodium ＋ cloxacillin sodium (drycow)	乳膏剂	乳管注入，干乳期奶牛，每乳室氨苄西林钠0.25克＋氯唑西林钠0.5克，隔3周再输注1次	28天，奶废弃期30天
	氨苄西林钠＋氯唑西林钠（泌乳期） ampicillin sodium ＋ cloxacillin sodium (milkingcow)	乳膏期	乳管注入，泌乳期奶牛，每乳室氨苄西林钠0.075克＋氯唑西林钠0.2克，2次/日，连用数日	7天，奶废弃期2.5天
	苄星青霉素 benzedrine benzylpenicillin	注射用粉针	肌内注射，一次量2万～3万单位/千克体重，必要时3～4日重复1次	30天，奶废弃期3天
	苄星邻氯青霉素 benzedrine cloxacillin	注射液	乳管注入，每乳室50万单位	28天及产犊后4天的奶，泌乳期禁用

续附表 8

类别	药名	制剂	用法与用量 （用量以有效成分计）	休药期
抗菌药	青霉素钾（钠） benzylpenicillin potassium (sodium)	注射用粉针	肌内注射，一次量1万～2万单位/千克体重，2～3次/日，连用2～3日	奶废弃期3天
	硫酸小檗碱 berberine sulfate	注射液	肌内注射，一次量0.15～0.4克	0天
	头孢氨苄 cefalexin	乳剂	乳管注入，每乳室200毫克，2次/日，连用2日	奶废弃期2天
	氯唑西林钠 cloxacillin sodium	注射用粉针	乳管注入，泌乳期奶牛，每乳室200毫克	10天，奶废弃期2天
			乳管注入，干乳期奶牛，每乳室200～500毫克	30天
	恩诺沙星 enrofloxacin	注射液	肌内注射，一次量2.5毫克/千克体重，1～2次/日，连用2～3日	28天，泌乳期禁用
	乳糖酸红霉素 erythromycin lactobionate	注射用粉针	静脉注射，一次量3～5毫克/千克体重，2次/日，连用2～3日	21天，泌乳期禁用
	恩诺沙星 enrofloxacin	注射液（长效）	肌内注射，一次量10～2毫克/千克体重	28天，泌乳期禁用

续附表 8

类别	药名	制剂	用法与用量 (用量以有效成分计)	休药期
抗菌药	盐酸土霉素 oxtetracycline hydrochloride	注射用粉针	静脉注射，一次量5~10毫克/千克体重，2次/日，连用2~3日	19天，泌乳期禁用
	普鲁卡因青霉素 procaine benzylpenicillin	注射用粉针	肌内注射，一次量1万~2万单位/千克体重，1次/日，用2~3日	10天，奶废弃期3天
	硫酸链霉素 streptomycin sulfate	注射用粉针	肌内注射，一次量10~5毫克/千克体重，2次/日，连用2~3日	14天，奶废弃期2天
	磺胺嘧啶 sulfadiazine	片剂	内服，一次量，首次量0.14~0.2克/千克体重，维持量0.07~0.1克/千克体重，2次/日，连用3~5日	8天，泌乳期禁用
	磺胺嘧啶钠 sulfadiazine sodium	注射液	静脉注射，一次量0.05~1克/千克体重，1~3次/日，连用2~3日	10天，奶废弃期2.5天
	复方磺胺嘧啶钠 compound sulfadiazine sodium	注射液	肌内注射，一次量20~0毫克/千克体重(以磺胺嘧啶计)，1~2次/日，连用2~3日	10天，奶废弃期2.5天

续附表 8

类别	药名	制剂	用法与用量 （用量以有效成分计）	休药期
抗菌药	磺胺二甲嘧啶 sulfadimidine	片剂	内服，一次量，首次量 0.14～0.2 克/千克体重，维持量 0.07～0.1 克/千克体重，1～2 次/日，连用 3～5 日	10 天，泌乳期禁用
抗菌药	磺胺二甲嘧啶钠 sulfadimidine sodium	注射液	静脉注射，一次量 0.05～0.1 克/千克体重，1～2 次/日，连用 2～3 日	10 天，泌乳期禁用
抗寄生虫药	阿苯哒唑 albendazole	片剂	内服，一次量 10～15 毫克/千克体重	27 天，泌乳期禁用
抗寄生虫药	双甲脒 amitraz	溶液	药浴、喷洒、涂擦，配成 0.025%～0.05%的溶液	1 天，奶废弃期 2 天
抗寄生虫药	青蒿琥酯 artesunate	片剂	内服，一次量 5 毫克/千克体重，首次量加倍，2 次/日，连用 2～4 日	
抗寄生虫药	溴酚磷 bromPHenopHos	片剂、粉剂	内服，一次量 12 毫克/千克体重	21 天，奶废弃期 5 天
抗寄生虫药	氯氰碘柳胺钠 closantel sodium	片剂、混悬液	内服，一次量 5 毫克/千克体重	28 天，奶废弃期 28 天
抗寄生虫药	氯氰碘柳胺钠 closantel sodium	注射液	皮下或肌内注射，一次量 2.5～5 毫克/千克体重	28 天，奶废弃期 28 天

续附表 8

类别	药名	制剂	用法与用量（用量以有效成分计）	休药期
抗寄生虫药	芬苯哒唑 fenbendazole	片剂、粉剂	内服，一次量 5～7.5 毫克/千克体重	28 天，奶废弃期 4 天
	氰戊菊酯 fenvalerate	溶液	喷雾，配成 0.05%～0.1% 的溶液	1 天，奶废弃期无
	伊维菌素 ivermectin	注射液	皮下注射，一次量 0.2 毫克/千克体重	35 天，泌乳期禁用
	盐酸左旋咪唑 levamisolehydro-chloride	片剂	内服，一次量 7.5 毫克/千克体重	2 天，泌乳期禁用
		注射液	皮下、肌内注射，一次量 7.5 毫克/千克体重	14 天，泌乳期禁用
	奥芬哒唑 oxfendazole	片剂	内服，一次量 5 毫克/千克体重	11 天，泌乳期禁用
	碘醚柳胺 rafoxanide	混悬液	内服，一次量 7～12 毫克/千克体重	60 天，泌乳期禁用
	三氯苯唑 triclabendazole	混悬液	内服，一次量 6～12 毫克/千克体重	28 天，泌乳期禁用

续附表 8

类别	药名	制剂	用法与用量（用量以有效成分计）	休药期
生殖激素类药	甲基前列腺素 F_2 acarboprost	注射液	肌内注射或宫颈内注入，一次量 2～4 毫克/千克体重	
	绒促性素 chorionicgonadotrophin	注射用粉针	肌内注射，一次量 1000～5000 单位，2～3 次/周	泌乳期禁用
	苯甲酸雌二醇 estradiol benzoate	注射液	肌内注射，一次量 5～20 毫克	泌乳期禁用
	醋酸促性腺激素释放激素 fertirelin acetate	注射液	肌内注射，一次量 100～200 微克	泌乳期禁用
	促黄体素释放激素 A_2 lutropinreleasinghormone A_2	注射用粉针	肌内注射，一次量，排卵迟滞 12.5～25 微克；卵巢静止 25 微克；1 次/日，可连用至 3 次；持久黄体或卵巢囊肿 25 微克，1 次/日，可连用至 4 次	泌乳期禁用
	促黄体素释放激素 A_3 irtropinreleasinghormone A_3	注射用粉针	肌内注射，一次量 25 微克	泌乳期禁用
	垂体促卵泡素 pituitary follitropin	注射用粉针	肌内注射，一次量 100～150 单位，隔 2 日 1 次，连用 2～3 次	泌乳期禁用

续附表 8

类别	药名	制剂	用法与用量（用量以有效成分计）	休药期
生殖激素类药	垂体促黄体素 pituitary lutropin	注射用粉针	肌内注射，一次量 100～200 单位	泌乳期禁用
	黄体酮 progesterone	注射液	肌内注射，一次量 50～100 毫克	21 天 泌乳期禁用
	复方黄体酮 compound progesterone	缓释圈	阴道插入，一次量黄体酮 1.55 克＋苯甲酸雌二醇 10 毫克	泌乳期禁用
	缩宫素 oxytocin	注射液	皮下、肌内注射，一次量 30～100 单位	泌乳期禁用
	氨基丁三醇前列腺素 F_2 prostaglandinF_2a tromethamine	注射液	肌内注射，一次量 25 毫克	泌乳期禁用
	血促性素 eragonadtrophins	注射用粉针	皮下、肌内注射，一次量，催情 1000～2000 单位超排2000～4000 单位	泌乳期禁用

附表9　奶牛常见传染病防疫检疫程序

月　份	疫病种类	生物制剂	防检方法或判断结果
1月	炭　疽	炭疽芽孢菌Ⅱ型	肌内注射，成年牛1毫升/头
3月	口蹄疫	口蹄疫O型疫苗	肌内注射，犊牛2毫升/头，成年牛3毫升/头（注射前做效价试验）
4月	结核检疫	提纯牛型结合菌素，10万单位/毫升	皮内注射选择颈部1/3处。0.1毫升/头，72小时后观察结果并量皮厚，皮厚小于2毫米为阴性，皮厚增加2～3.9毫米为可疑，皮厚增加4毫米以上为阳性
	布病检疫	布氏杆菌平板抗原	用已知抗原和被检血清做平板凝集试验，根据凝集结果判定是否阳性（1∶100稀释度，“＋＋”为阳性）
5月	流行热	牛流行热疫苗	成年牛4毫升/头，犊牛2毫升/头，颈部皮下注射（3周后进行第二次免疫）
6月	口蹄疫	口蹄疫O型疫苗	第二次免疫注射，肌内注射，犊牛2毫升/头，成年牛3毫升/头（注射前做效价试验）
9月	口蹄疫	口蹄疫O型疫苗	第三次免疫注射，肌内注射，犊牛2毫升/头，成年牛3毫升/头（注射前做效价试验）

续附表9

月　份	疫病种类	生物制剂	防检方法或判断结果
10月	结核检疫	提纯牛型结核菌素,10万单位/毫升	皮内注射选择颈部1/3处。0.1毫升/头,72小时后观察结果并量皮厚,皮厚小于2毫米为阴性,皮厚增加2～3.9毫米为可疑,皮厚增加4毫米以上为阳性
	布病检疫	布氏杆菌平板抗原	用已知抗原和被检血清作平板凝集试验,根据凝集结果判定是否阳性(1∶100稀释度,“十十”为阳性)
12月	口蹄疫	口蹄疫O型疫苗	第四次免疫注射,肌内注射,犊牛2毫升/头,成年牛3毫升/头。(注射前做效价试验)

附表 10　奶牛正常妊娠 3、4 个月与子宫积水、子宫积脓、胎儿干尸化及浸溶的鉴别诊断

症状类型	直肠检查	阴道检查	阴道排出物	发情周期	全身症状	重复检查时子宫的变化
正常怀孕	子宫壁薄，而且柔软；怀孕 3～4 个月。触到子叶，大部分以后可以摸到胎儿，两侧子宫中动脉有强度不等的怀孕脉搏，卵巢上有黄体	子宫颈关闭，阴道黏膜颜色比平常稍淡，分泌物黏稠，有子宫颈塞	无	停止	全身情况良好，食欲及营养状态均有所增进	间隔 20 天以上重复检查时，子宫体积增大
子宫积水	子宫增大，壁很薄，触诊波动明显，整个子宫大小与怀孕 1.5～2 个月的相似，分叉清楚，两角大小相等，卵巢上有黄体	有时子宫颈阴道部有炎症现象	不定期排出分泌物	紊乱	无	子宫增大，有时反而缩小，两宫角的大小比例可能发生改变
子宫积脓	子宫增大，与怀孕 1.5～2 个月的相似，两角大小相等，子宫壁厚，但各处厚薄不均，感觉有硬的波动，卵巢上有黄体，有时有囊肿，子宫中动脉有类似怀孕的脉搏，且两侧强度相等	子宫颈及阴道黏膜充血微肿，往往积有脓液	子宫颈黏膜肿胀减轻时，排出脓性分泌物	停止，患病久，偶尔出现发情	一般无明显变化，有时体温略微升高。出现轻度消化扰乱症状	子宫形状、大小和质地多无变化